MARC ENGELHARDT
STEFANIE RICHTER

# BÜRO HUNDE

## Vorbereitung, Absprachen und Training

MIT KOSMOS MEHR ENTDECKEN
Für einen
**ENTSPANNTEN**
Arbeitsalltag
SEIT 1822

# KOSMOS

# INHALT

# Zu diesem Buch

1

**M**ensch und Hund haben seit jeher eine intensive Beziehung zueinander. Der Hund als sprichwörtlich bester Freund des Menschen hat inzwischen in über 17 % der deutschen Haushalte Einzug gehalten. So sehr der Hund schon immer zum menschlichen Leben dazugehört, so stark hat sich seine Rolle im Lauf der Zeit jedoch verändert. Wurde er ursprünglich noch überwiegend in seiner Funktion als Nutztier gehalten, hat sich seine Rolle inzwischen zu der eines Familienmitglieds, Freundes und treuen Alltagsbegleiters entwickelt.

Im Vergleich zur Gesamtbevölkerung weisen Hundehalter rein statistisch betrachtet einige Besonderheiten auf: Größtenteils leben Hunde in Haushalten von Menschen, die in den aktiven Berufsjahren stehen und zwischen 40 und 60 Jahre alt sind. Selbstständige, Facharbeiter, Freiberufler und Beamte im mittleren Dienst sind dabei besonders stark vertreten (*Repräsentativstudie des Heidelberger Markt- und Sozialforschungsinstituts Sinus Sociovision aus dem Jahr 2002*).

Die Chancen, am Arbeitsplatz auf einen Kollegen oder Vorgesetzten zu treffen, der Hunden gegenüber grundsätzlich aufgeschlossen und positiv gestimmt ist, stehen also nicht schlecht.

Der Grund, warum es in Unternehmen mit grundsätzlich hundefreundlichen und aufgeschlossenen Kollegen, Chefs und Führungskräften trotzdem an der Zulassung von Bürohunden mangelt, sind regelmäßig Bedenken der Entscheidungsträger, wenn es um die praktische Umsetzung geht. Denn sie tragen nicht nur Sorge für das Wohlergehen der Hundehalter unter ihren Mitarbeitern, sondern für das gesamte betriebliche Umfeld.

Um genau diese Überschneidung verschiedener Interessenlagen zusammenzuführen, Bedenken zu nehmen, mögliche Probleme erst gar nicht entstehen zu lassen und für eine reibungslose und gewinnbringende Einbindung der vierbeinigen Kollegen in den Büroalltag zu sorgen, haben wir dieses Buch geschrieben.

**2**

**3**

1. Der Hund hat sich zum Familienmitglied, Freund und Alltagsbegleiter entwickelt.

2. Den meisten Hundehaltern ist wichtig, dass es ihrem Vierbeiner gut geht.

3. Wenn man Beruf und Hundehaltung miteinander vereinen könnte, wäre das für viele Menschen ideal.

# VORTEILE VON BÜROHUNDEN

## HUNDE AM ARBEITSPLATZ

Als hochsoziale Lebewesen fühlen sich Hunde in der Nähe
ihrer Bezugspersonen am wohlsten.

# Was für Hunde am Arbeitsplatz spricht

Für den Hund liegt der Vorteil, seinen Menschen mit an den Arbeitsplatz begleiten zu dürfen, auf der Hand: Zwar verschlafen Hunde einen Großteil des Tages, fühlen sich als hochsoziale Lebewesen, die sich eng an ihren Sozialpartner binden, aber in der Nähe „ihrer Menschen" häufig am wohlsten.

Für viele Hunde ist es deshalb deutlich angenehmer, sich auch während der Arbeitszeit in der direkten Nähe ihrer Bezugsperson aufhalten zu können, anstatt allein zu Hause bleiben zu müssen. Hinzu kommt, dass es im Anschluss an einen Arbeitstag oft noch weitere Verpflichtungen oder private Verabredungen gibt, zu denen der Hund nicht mitgenommen werden kann.

Die Zeit des Alleinseins summiert sich für den Hund so sehr schnell auf und erfordert unter Umständen viel Organisation und Rücksichtnahme des Halters, um dem Hund nicht zu viel zuzumuten. Dass aber nicht nur der Bürohund davon profitiert, seinen Menschen mit an den Arbeitsplatz begleiten zu dürfen, erkennen inzwischen auch immer mehr Unternehmen. Ein in diesem Zusammenhang immer wieder auftauchender Begriff heißt „Oxytocin", das vielen auch unter dem Namen „Anti-Stress-Hormon" geläufig ist.

## DAS ANTI-STRESS-HORMON

Vor einiger Zeit erzählte uns die Mitarbeiterin eines großen IT-Dienstleisters von einer für sie zunächst sehr unangenehmen Situation: In ihrem Home-Office hatte sie an einem Freitag kurz vor Feierabend die letzte telefonische Anfrage eines Kunden angenommen. Im Vorfeld hatte es einige Missverständnisse gegeben, die nun zu einer extremen Zeitverzögerung führten. Der Feierabend rückte in weite Ferne, der Kunde wurde ungeduldig und die Mitarbeiterin stand gestresst vor einer zunächst unlösbar wirkenden Aufgabe, die so nicht eingeplant war. In just diesem Moment, erzählte sie uns, sei ihr Hund auf ihren Schoß gesprungen, habe sich eingerollt, sich an sie gekuschelt und sie habe gemerkt, wie sie augenblicklich entspannen und durchatmen konnte. Letztendlich konnte sie so das Anliegen des Kunden ruhig, konzentriert und unbeeinflusst von den widrigen Umständen erfolgreich lösen.

## Oxytocin

Was fast wie ein magischer Vorgang klingt, hat einen ziemlich nüchternen Hintergrund: Er heißt $C_{43}H_{66}N_{12}O_{12}S_2$, besteht u. a. aus Wasserstoff, Sauerstoff, Stickstoff, Schwefel und Kohlenstoff und trägt den pharmakologischen Namen „Oxytocin". Oxytocin wird umgangssprachlich als „Kuschel"- oder „Anti-Stress-Hormon" bezeichnet. Diesen Namen hat das aus Aminosäuren bestehende Neurohormon, das von der Hirnanhangsdrüse produziert wird, sich auch redlich verdient.

Oxytocin wird die Fähigkeit zugeschrieben, Bindung und Vertrauen zu stärken, Stress und Angst zu reduzieren, Aggressionen zu dämpfen und das Einfühlungsvermögen zu steigern. Insbesondere nach der Geburt eines Kindes ist Oxytocin maßgeblich dafür verantwortlich, dass die Mutter eine schnelle und starke emotionale Bindung zu ihrem Neugeborenen aufbaut.

Das „Kuschelhormon" funktioniert dabei im Rahmen eines positiven, sich wechselseitig verstärkenden Kreislaufs: Es fördert nicht nur aktiv die Bereitschaft, Körper- oder Augenkontakt zu suchen, sondern wird auch selbst durch die daraus resultierenden wohligen Gefühle produziert und ausgeschüttet. Und dass nicht nur im Kontakt zwischen Mensch und Mensch, sondern auch im Kontakt zwischen Mensch und Hund.

## Wissenschaftlich bewiesen

Weil wir uns nicht mit Verdachtsmomenten begnügen wollen, werfen wir einen kurzen Blick auf die Wissenschaft: Im Rahmen einer japanischen Studie ließen Forscher eine Gruppe von Hunden und deren Haltern

**1.** Streicheleinheiten machen glücklich.

**2.** Das Kuschelhormon wirkt bei Mensch und Hund gleichermaßen.

1

2

Oxytocin sorgt dafür, dass der sprichwörtliche Hundeblick auf viele Menschen unwiderstehlich wirkt.

eine halbe Stunde lang gemeinsam kuscheln und spielen. Auf Basis von vor und nach der gemeinsamen Aktion durchgeführten Messungen des Oxytocins bei Mensch und Hund konnten die Forscher nachweisen, dass der Spiegel des „Anti-Stress-Hormons" während des gemeinsamen Kontakts deutlich anstieg. Eine prägnante Erhöhung war zudem an den Stellen nachweisbar, an denen Hund und Halter sich lange und intensiv in die Augen gesehen hatten. In weiteren Studien, die u. a. in Deutschland und Frankreich durchgeführt wurden, konnte außerdem belegt werden, dass Menschen unter dem Einfluss von künstlich zugeführtem Oxytocin konstruktiver, offener und interessierter diskutieren konnten und empfänglicher auf soziale Signale ihres Gegenübers reagierten.

## Gesundheitsfördernd

Weiterhin wird Oxytocin die Fähigkeit zugeschrieben, durch seine stressmindernde Wirkung das Herzinfarkt- und Schlaganfallrisiko, die Gefahr eines Burnouts und das Risiko für die Entwicklung psychosomatischer Krankheitsbilder zu verringern. So positiv die Wirkung des Anti-Stress-Hormons auf den menschlichen Körper klingt, sollte allerdings eines nicht unerwähnt bleiben: Oxytocin entfaltet seine volle Wirkung nur bei den Menschen, die Hunde mögen. Der Hundehalter steht deshalb in der Pflicht, gerade im unternehmerischen Umfeld Rücksicht auf jene Menschen zu nehmen, die Hunden skeptisch gegenüberstehen, ängstlich sind oder aus anderen Gründen keinen Kontakt zum Bürohund haben möchten.

**TIPP**

Schon der intensive Augenkontakt zwischen Hund und Halter führt zu einer messbaren Erhöhung des Anti-Stress-Hormons.

# Positive Auswirkungen

Schaut man sich einen typischen Arbeitstag in einem Büro an, so ist dieser regelmäßig von langem Sitzen, wenig Bewegung, Arbeiten am Monitor, der Notwendigkeit von Konzentration und Fokussierung auf das Aufgabengebiet und teilweise auch von Stress und Zeitdruck geprägt.

S pätestens zur Mittagszeit kommt es oft zu einem kleinen Leistungstief und dem Gefühl, eine Pause einlegen zu müssen. Die Pause von Hundehaltern verläuft nun zwangsläufig anders als die ihrer Arbeitskollegen ohne Hund: Der Vierbeiner hat sich über den Vormittag ausgeruht, wird munter, muss auch mal und fordert Bewegung an der frischen Luft ein …

Genau darin liegt ein weiterer Vorteil eines Bürohundes. Denn die gemeinsame Mittagspause im Freien, die Bewegung und die Beschäftigung mit dem Hund reduzieren Stress, machen den Kopf frei, schaffen vorübergehende Distanz zum beruflichen Aufgabenbereich, machen Spaß und sorgen somit für neue Energie und bestenfalls auch Kreativität, um sich nach der Pause wieder mit voller Kraft den anstehenden Aufgaben zu widmen.

## WAS MACHT WOHL MEIN HUND?

Befragt man Hundehalter, die ihren Hund nicht mit zur Arbeit nehmen dürfen, ergibt sich während der Mittagspause ein interessantes Phänomen: Durch die Arbeitsunterbrechung richten sich die Gedanken auf den Hund und die Frage, wie es ihm wohl gerade geht. Selbst wenn ein Hund gut allein bleiben kann oder während der Arbeitszeit betreut wird, hat fast jeder Hundehalter einen Zeitplan im Kopf, wie lang der Hund allein bleiben kann oder wann er aus der Betreuung abgeholt werden muss. Spätestens, wenn sich abzeichnet, dass der Arbeitstag nicht nach Plan verläuft und Überstunden notwendig werden, geraten viele Hundehalter in einen Gewissenskonflikt oder sogar Stress, weil ihre beruflichen Verpflichtungen mit denen ihres Hundes kollidieren.

Der „Ladenhüter" als Kundenmagnet: Hunde im Einzelhandel

Ein Mitarbeiter, der seinen Hund mit zur Arbeit nehmen darf, wird erfahrungsgemäß eine höhere Bereitschaft zeigen, seinen beruflichen Verpflichtungen den Vorzug zu geben. Denn sein Hund ist in seiner Nähe, ist gut versorgt und der Druck, den Arbeitsplatz pünktlich verlassen zu müssen, entfällt.

### Weniger Fehltage

Die Universität Göttingen kam außerdem in einer Studie zu dem Ergebnis, dass Haustierbesitzer im Schnitt sieben Prozent weniger Fehltage haben als Ihre tierlosen Kollegen. Die daraus resultierende Ersparnis für die deutsche Wirtschaft beziffert die Studie auf rund 2 Milliarden Euro. Mitarbeiter, die einen (Büro-)Hund haben, steigern damit statistisch betrachtet direkt den Ertrag für ihr Unternehmen.

Die von einem großen, bekannten Finanzdienstleister im Jahr 2017 in Auftrag gegebene britische Studie kam sogar zu dem Ergebnis, dass Hunde in Einzelhandelsgeschäften zu regelrechten Kundenmagneten werden können und für messbare Umsatzsteigerungen sorgen.

Ein Drittel der befragten Kunden gaben an, ein Geschäft, in dem ein Tier durch das Schaufenster zu sehen ist, eher zu betreten. Außerdem gibt American Express an, dass Kunden durchschnittlich 13 Minuten länger in einem Geschäft mit zugehörigem Hund verweilen, und leitet daraus eine mögliche Umsatzsteigerung von rund 68 Mio. Euro ab. Zudem gaben 22 % der befragten Kunden an, in Sozialen Netzwerken eher etwas zu ihren Kauferlebnissen im Einzelhandel zu posten, wenn ein Tier im Laden war.

# Agenturhunde

*Interview mit Joachim Petzold,*
*Geschäftsführer der Kulturinsel Stuttgart gGmbH*

**Wie viele Mitarbeiter mit Bürohunden haben Sie in Ihrem Unternehmen?**
Bei uns haben 6 von 21 Mitarbeitern Hunde. So unterschiedlich wie wir Menschen, sind auch unsere Agenturhunde. Von dem kleinsten Mini-Chihuahua bis zu unserem 82 kg schweren Chilly.
— Mickey: Chihuahua, reinrassig
— Rocky: Cairn Terrier-Schnauzer-Mischling (Straßenköter)
— Eight: Ratonero Bodeguero Andaluz
— Kara: Collie-Labrador-Mischling (Straßenköter)
— Chilly: Kaukasischer Owtscharka, reinrassig
— Kerle: Golden-Retriever-Mischling

**Wie wirken sich die Bürohunde auf das Arbeitsklima Ihres Unternehmens aus?**
Unsere Agenturhunde bringen sehr viel Positives in den Büroalltag, nicht nur die Frauchen/Herrchen sind begeistert, weil sie ihren Hund immer bei sich haben können, auch den Mitarbeitern, die selbst keine Hunde halten, bieten die Hunde oft eine tolle Abwechslung. Da fällt mir ein Zitat ein: „Von Menschen fühlt man sich oft beurteilt. Von einem Tier dagegen weniger." Ich bin überzeugt, dass die Hunde bei uns in der Agentur die Arbeitswelt ein Stück weit besser machen.

**Wie reagieren Kunden und Geschäftspartner auf Ihre Bürohunde?**
Zum Glück fast ausnahmslos positiv, ich habe oft beobachtet, dass die Menschen dank ihrer Hunde sehr schnell mit Kunden/

Geschäftspartnern ins Gespräch kommen, das Eis ist schnell gebrochen, ob Kunde, Geschäftspartner oder Lieferant.

**Was würden Sie vor dem Hintergrund Ihrer Erfahrungen Unternehmen raten, die darüber nachdenken, Bürohunde zuzulassen?**
Vor der Entscheidung sollten alle Mitarbeiter über das Vorhaben informiert und abgeholt werden, um gemeinsam zu entscheiden und evtl. Angst- und Gesundheitsthemen zu besprechen, um Problemen vorzubeugen.
Es sind definitiv Absprachen nötig, da es sicher auch Menschen gibt, die sich in der Umgebung von Hunden unwohl fühlen oder sogar Angst haben. Dies sollte man unbedingt respektieren, damit es keine Grüppchenbildung gibt.
Die räumliche Trennung ist ein wichtiger Punkt. Der Mitarbeiter sollte selbst entscheiden dürfen, ob er Hundekontakt haben will, genauso wie der Hund einen Platz braucht, wo er sich zurückziehen kann, wenn er gerade keinen Menschenkontakt möchte.

## DER BÜROHUND ALS ATTRAKTIVES BENEFIT

Viele Berufstätige mit Hund suchen inzwischen ganz gezielt nach Arbeitgebern,
die Bürohunde im Unternehmen erlauben.

# Mitarbeiterbindung an den Betrieb

Ein weiterer, aus Sicht des Arbeitgebers nicht zu unterschätzender Aspekt, der für einen Bürohund spricht, ist die Möglichkeit zur Mitarbeitergewinnung und -bindung.

Beides natürlich unter der Voraussetzung, dass ein funktionierendes Konzept zugrunde liegt und Kollegen, Geschäftsfreunde oder Kunden, die Hunden skeptisch oder ängstlich gegenüberstehen, mit der gebotenen Rücksichtnahme behandelt werden, denn Bürohunde dürfen keinesfalls zur unternehmerischen Belastungsprobe werden. In einem Vorgespräch erzählte uns ein Unternehmer, der selbst keinen Hund hatte, voller Erstaunen, dass eine seiner Mitarbeiterinnen ihre Arbeitszeit reduzieren und damit auf einen nicht unwesentlichen Teil ihres Einkommens verzichten wollte, weil sich ihr neuer Hund nicht mit dem Alleinsein arrangieren konnte. Hund und Halterin litten unter dieser Situation und die Mitarbeiterin war in der glücklichen Lage, sich den finanziellen Einschnitt durch die Reduzierung ihrer Arbeitszeit leisten zu können.

An dieser Stelle zeigt sich der bereits angesprochene Wandel im Verständnis vieler Hundehalter, die ihre Vierbeiner als vollwertiges Familienmitglied betrachten und teilweise sogar dazu bereit sind, persönlich zurückzustecken, um ihrem Hund gerecht zu werden. So überraschend diese Einstellung auf viele Nicht-Hundehalter wirken mag, so selbstverständlich ist diese Haltung für viele Hundebesitzer geworden.

## BENEFIT FÜR MITARBEITER

Nun wird es in den seltensten Fällen passieren, dass Hundehalter so reagieren, wie es bei der Mitarbeiterin in unserem Beispiel der Fall war. Schaut man sich allerdings die Auswahlkriterien in verschiedenen Online-Stellenportalen an, die „Hunde im Unternehmen erlaubt" als separates Suchkriterium eingeführt haben, und die vermehrt auftauchenden Stellengesuche von Hundehaltern, die einen neuen Arbeitsplatz mit ihrem (Büro-)Hund suchen, so ist das Benefit „Hunde erlaubt" jedoch ein starkes Argument, um ein Unternehmen für die Hundehalter unter den Mitarbeitern attraktiv zu machen. Gerade für Unternehmen, in denen Fachkräftemangel herrscht, kann ein Bürohund ein nicht zu unterschätzender Bonus sein.

# RAHMEN-BEDINGUNGEN: WANN DARF EIN HUND MIT ZUR ARBEIT?

**KLARE ABSPRACHEN**

Als Berufstätiger mit Hundewunsch sollte man im Vorfeld abklären,
ob der neue Mitbewohner mit ins Büro darf.

# Was man im Vorfeld abklären sollte

Nachdem wir im vorherigen Kapitel ausführlich über die positiven Eigenschaften geschrieben haben, wollen wir uns nun dem beruflichen Umfeld des Bürohundes zuwenden. Welche Weichen muss man im Vorfeld stellen, damit der Hund überhaupt mit darf?

Während der Hundehalter primär daran interessiert sein dürfte, seinen Hund im Berufsalltag in seiner Nähe zu haben, sieht die Motivation des Umfeldes häufig anders aus: Sie reicht von Freude über den vierbeinigen Kollegen über Gleichgültigkeit bis hin zu Angst oder sogar völliger Ablehnung.

Gerade Menschen, die im Verlauf ihres Lebens keine oder schlechte Erfahrungen mit Hunden gesammelt haben, dürften dem Projekt Bürohund skeptisch gegenüberstehen. Aber auch unter den Hundeliebhabern gibt es hin und wieder Menschen, die der Meinung sind, dass Hunde nichts am Arbeitsplatz zu suchen haben. Damit die reibungslose Einbindung eines Bürohundes gelingen kann, müssen diese teilweise gegensätzlichen Interessen bestmöglich berücksichtigt und miteinander vereinbart werden. Dazu gehört natürlich auch der respekt- und rücksichtvolle Umgang mit Menschen, die den Kontakt zum Bürohund ablehnen.

## DIE RECHTLICHE SITUATION

Als Hundehalter haben Sie keinen Anspruch darauf, Ihren Hund mit an den Arbeitsplatz zu nehmen. Im Gegenteil hat der Arbeitgeber im Rahmen seines sogenannten Direktionsrechts sogar die Möglichkeit, die Mitnahme von Hunden an den Arbeitsplatz komplett zu untersagen. Einzige Ausnahme bilden z. B. Arbeitnehmer, die einen Blindenhund und damit einen Anspruch auf eine behindertengerechte Gestaltung des Arbeitsplatzes haben, weil sie ohne ihren Hund nicht zurechtkommen würden.

Sofern es in einem Unternehmen also keine Bürohunde gibt, benötigen Sie die ausdrückliche Genehmigung Ihres Vorgesetzten, um Ihren Hund mitbringen zu dürfen. Eine solche Erlaubnis kann entweder im Rahmen einer separaten, bestenfalls schriftlichen Vereinbarung getroffen werden, oder als Nebenvereinbarung bzw. Ergänzung zum bestehenden Arbeitsvertrag.

Das berufliche Umfeld darf sich durch den Bürohund nicht gestört oder belästigt fühlen.

### Jederzeit widerrufbar

Aber auch trotz einer solchen Vereinbarung hat der Arbeitgeber die Möglichkeit, seine bereits erteilte Genehmigung zu widerrufen, sofern sachliche Gründe dafür vorliegen. Diese können z. B. dann gegeben sein, wenn ein Mitarbeiter eine Allergie entwickelt, der Hund durch sein Verhalten die Arbeitsabläufe beeinträchtigt oder wenn sich ein Mitarbeiter durch den Hund bedroht fühlt. Für letzteres ist es übrigens nicht erforderlich, dass der Hund tatsächlich gebissen oder angegriffen hat. Starke Angst eines einzelnen Mitarbeiters kann schon ein ausreichender Anlass für den Widerruf der Genehmigung sein. Grund dafür ist, dass der Arbeitgeber eine Fürsorgepflicht gegenüber seinen Mitarbeitern und eine daraus resultierende gesetzliche Verpflichtung hat, in solchen Fällen zu reagieren.

Ein Verstoß gegen das einmal ausgesprochene Verbot des Arbeitgebers, den Hund mit an den Arbeitsplatz zu bringen, kann leider erhebliche Konsequenzen haben und zunächst zu einer Abmahnung, im Wiederholungsfall sogar zu einer verhaltensbedingten Kündigung führen.

### Der Gleichbehandlungsgrundsatz

Eine gute Nachricht gibt es dennoch: Bringt bereits ein Kollege seinen Hund mit ins Büro, haben Sie gegenüber Ihrem Arbeitgeber die Chance, sich auf den Gleichbehandlungsgrundsatz zu berufen. Dieser besagt, dass Arbeitnehmer, die sich in einer gleichen oder vergleichbaren Lage befinden, seitens des Arbeitgebers auch gleich zu behandeln sind. Beachtet werden sollte dabei allerdings die Verhältnismäßigkeit. Bringt ein Kollege einen kleinen, unkomplizierten Hund mit ins Büro, bedeutet das nicht, dass der Halter eines weitaus imposanteren Hundes mit aggressiven Verhaltenszügen sich auf den Gleichbehandlungsgrundsatz berufen kann. Nicht abschließend geklärt ist die Frage, ob ein vorhandener Betriebsrat innerhalb eines Unternehmens ein Mitbestimmungsrecht hat, wenn es um das Thema Bürohund geht. Weil der Betriebsrat ein grundsätzliches Mitbestimmungsrecht hat, wenn es um Fragen der allgemeinen betrieblichen Ordnung geht, tendiert die herrschende Meinung in der Literatur jedoch dazu, dies zu bejahen.

## Vertragliche Regelungen

Ein weiterer rechtlicher Aspekt, der im Vorfeld geklärt werden sollte, sind gesetzliche oder vertragliche Regelungen, die der Mitnahme des Hundes an den Arbeitsplatz entgegenstehen. Denkbar sind z. B. mietvertragliche Regelungen, an die der Arbeitgeber gebunden ist, die Hausordnung des Vermieters, die den Aufenthalt von Hunden im Firmengebäude untersagen oder Hygienevorschriften, denen bestimmte Arbeits- und Zutrittsbereiche unterliegen. Selbst wenn eine solche Regelung im Einzelfall rechtlich nicht haltbar sein sollte, wird kaum ein Arbeitgeber ein Interesse daran haben, es auf einen Rechtsstreit mit dem Vermieter ankommen zu lassen, um seinem Mitarbeiter die Mitnahme seines Hundes zu ermöglichen. Beachten Sie bitte auch die mögliche Gültigkeit von Unfallverhütungsvorschriften der zuständigen Berufsgenossenschaft Ihrer Branche, die den Personalschutz detailliert regeln.

All diese Punkte sollten deshalb im Vorfeld unbedingt angesprochen und abgeklärt werden.

Der Gleichbehandlungsgrundsatz schafft ähnliche Rahmenbedingungen für alle Mitarbeiter.

### PROJEKT BÜROHUND

Damit es gelingt, ist es ratsam, im Vorfeld das Gespräch mit Kollegen
zu suchen und gemeinsam das Für und Wider abzuwägen.

# Projekt Bürohund vorbereiten

Selbstständige und Mitarbeiter von Unternehmen, die bereits Bürohunde haben oder dem Thema offen gegenüberstehen, sind in einer komfortablen Situation, wenn es um die Eingliederung weiterer Vierbeiner in den laufenden Betrieb geht.

Anders sieht es aus, wenn ein Unternehmen bisher noch keine oder keine guten Erfahrungen mit Bürohunden gesammelt hat. Wir empfehlen Ihnen deshalb eine sorgfältige Vorbereitung und das Erstellen eines Konzeptes, das Sie Ihrem Vorgesetzten und Ihren Kollegen vorlegen können. Wenn ersichtlich ist, dass Sie sich verantwortungs- und rücksichtsvoll mit den verschiedenen Interessenlagen des unternehmerischen Umfelds auseinandergesetzt haben und Lösungsvorschläge für mögliche Probleme unterbreiten können, erhöhen Sie Ihre Chancen, das Projekt „Bürohund" erfolgreich umsetzen zu können.

## KOLLEGEN BEFRAGEN

Befragen Sie Ihre direkten Kollegen. Klären Sie im Vorfeld ab, ob es im direkten Umfeld des Hundes Menschen mit allergischen Reaktionen gibt oder Kollegen, die Angst vor Hunden haben. Bedenken Sie, dass das Thema „Bürohund" häufig polarisiert

und dass Sie sich mit dem Versuch, Skeptiker zu bekehren, Türen verschließen können. Sinnvoller ist es, Sorgen und mögliche Hürden zu erfragen, ernst zu nehmen und zu versuchen, aus den Einwänden eine für alle tragbare Lösung zu entwickeln.

## MIT VORGESETZTEN SPRECHEN

Sprechen Sie mit Ihrem Vorgesetzten und erfragen Sie, wie er/sie dem Thema „Bürohund" gegenübersteht. Auch hier empfehlen wir, zunächst offen für das Feedback zu sein, Bedenken zu erfragen und zuzuhören. Holen Sie sich das Einverständnis, ein Konzept zu erarbeiten, das Sie im Anschluss gemeinsam mit Ihrem/Ihrer Vorgesetzten prüfen und besprechen. Bekommen Sie dazu ein positives Signal, klären Sie ab, ob die Einbeziehung der Arbeitnehmervertretung und des betrieblichen Vorschlagswesens und des Gesundheitsbeauftragten (sofern vorhanden) Ihrem/Ihrer Vorgesetzten in die Ausarbeitung des Konzepts sinnvoll erscheint.

**1**

**2**

**1.** Ob Bürohund oder nicht, hängt von vielen Faktoren ab. Wenn der Vierbeiner mitgenommen werden darf...

**2.** ... überzeugt er am besten selbst durch seine ruhige Art und durch gutes Benehmen.

---

### OFFIZIELLE UMFRAGE

Nachdem Sie bei Ihrem/Ihrer Vorgesetzten und Ihren direkten Kollegen vorgefühlt haben, starten Sie mit einer offiziellen Befragung. Wir schlagen hierzu einen vorbereiteten Fragebogen vor, in dem Sie u. a. aus den Vorgesprächen genannte Kriterien einfließen lassen können. Ein Fragebogen hat den Vorteil, dass Sie ein schriftliches Ergebnis präsentieren und den Befragten die Möglichkeit geben können, sich zu einem passenden Zeitpunkt mit Ihrem Thema auseinanderzusetzen, ohne bei ihrer laufenden Arbeit unterbrochen zu werden. Eine Vorlage, die Ihnen als Anregung für die

Entwicklung eines Fragebogens dienen soll, finden Sie im Anhang in diesem Buch auf Seite 112.

### RECHTLICHE ASPEKTE

Prüfen Sie, ob es rechtliche Aspekte gibt, die der Mitnahme Ihres Hundes an den Arbeitsplatz im Wege stehen. Hierunter fallen die bereits im Kapitel „Recht" genannten Aspekte:

— Das grundsätzliche Einverständnis des Arbeitgebers (das Sie sich zum Abschluss der Ausarbeitung schriftlich geben lassen sollten)

— Die Abklärung, ob es Allergien oder Ängste/Phobien unter Ihren Kollegen gibt (Auswertung Fragebögen)

wird, gibt es im Internet einige teils kostenlose Vorlagen. Wir haben uns bewusst dagegen entschieden, ein solches Muster in diesem Buch abzudrucken, weil die rechtliche Prüfung und Ausarbeitung im Einzelfall zu komplex ist, als dass sie sich auf eine einzelne, verallgemeinernde Vorlage zusammenfassen ließe. Vielmehr halten wir an dieser Stelle die Einbeziehung eines Rechtsbeistandes (Rechtsanwalt, Rechtsabteilung) zur Prüfung der Verträge und Ausformulierung der rechtlichen Rahmenbedingungen für sinnvoll. Eine Richtlinie mit den Punkten, die im Rahmen einer Betriebsvereinbarung geklärt werden sollten, finden Sie im Anhang.

## RAHMENBEDINGUNGEN

Erarbeiten Sie die Rahmenbedingungen, denn: Je klarer die Regeln, desto höher die Akzeptanz. Werten Sie die ausgeteilten Fragebögen oder die in persönlichen Gesprächen genannten Informationen aus. Fassen Sie die Ergebnisse schriftlich zusammen (Wie viele Mitarbeiter sind für, wie viele gegen einen Bürohund? Wo werden Vorteile, wo mögliche Hürden gesehen? Welche Anmerkungen wurden gemacht?) und leiten Sie, falls notwendig, Lösungsvorschläge ab:

— Bestehende mietvertragliche Regelungen oder Hygienevorschriften
— Haftung/Versicherung (siehe dazu Kapitel „Versicherungen")

Zusätzlich ist es ratsam, gemeinsam mit dem Arbeitgeber über einen Haftungsverzicht nachzudenken. Mit diesem Verzicht stellt der Hundehalter seinen Arbeitgeber und dessen Mitarbeiter von der Haftung für Schäden durch den Bürohund sowie der Haftung für mögliche Klagen oder anderweitige Forderungen frei.
Sowohl für den Haftungsverzicht wie auch für Betriebsvereinbarungen/Rahmenverträge, mit denen die Mitnahme eines Hundes geregelt

**TIPP**
Je klarer die im Vorfeld formulierten Regeln, desto höher die spätere Akzeptanz des Bürohundes.

**„Das Training hält den Bürohundehalter von der Arbeit ab und belastet damit das gesamte Team"**
**Lösung** Vorschläge für mögliche Absprachen machen. Möglich wären z. B. die Nutzung von (halben) Urlaubstagen, einem halben Tag Homeoffice während der Trainingsphase, Teilzeitarbeit für einen begrenzten Zeitraum, das Engagieren eines Hundesitters, der den Hund mittags im Büro abholt oder der Hund wird in der Mittagspause zur Betreuung/nach Hause gebracht.

**„Hunde am Arbeitsplatz sind ein hygienisches Problem"**
**Lösung** Hygienevorschriften prüfen und beachten, Tabuzonen für den Hund festlegen (Küche, Räume von Arbeitskollegen etc.). Ggf. eine turnusmäßige Gesundheitsbescheinigung des Tierarztes (Endo-/Ektoparasiten-Prophylaxe, Unbedenklichkeitsbescheinigung) vorlegen und einen Hygieneplan erstellen (Pflege des Hundes), ggf. Liege-/Arbeitsplatz in Eigenregie reinigen.

**„Hunde lenken von der Arbeit ab"**
**Lösung** Das Büro ist Ruhe- und Entspannungsort für den Hund. Verweisen Sie auf das hohe Ruhebedürfnis von Hunden (je nach Lebensphase 80 % des Tages) und Ihren Auslastungsplan (vor der Arbeit, Mittagspause, nach der Arbeit). Legen Sie Verhaltensregeln fest: Der Hund soll weder von Kollegen noch von anderen Bürohunden zum Spielen aufgefordert werden, er soll von Kollegen nicht angelockt und gepusht werden,

Beschäftigung mit dem Hund macht Spaß, darf aber nicht von der Arbeit ablenken.

wenn er ruhig auf seinem Platz liegt. Verändern sich durch die notwendigen Spaziergänge zur Mittagszeit die Kernarbeitszeiten, kann dies über Ausstempeln/das Nacharbeiten der Pausenzeit geregelt werden.

**„Was, wenn der Hund Kunden oder Kollegen bedrängt, belästigt, bellt oder sogar angehen will?"**
**Lösung** Halten Sie Ihren Trainingsplan bereit. Vereinbaren Sie einen festen Platz, an dem der Hund sich aufhalten wird, und eine Leinenpflicht für alle öffentlichen Bereiche, in denen der Hund sich gemeinsam mit Ihnen bewegt.
Der Nachweis einer bereits im Vorfeld abgelegten Prüfung (Begleithundeprüfung, Bürohunde-Zertifikat) kann ebenfalls ein gutes Argument sein, um Bedenken zu nehmen. Signalisieren Sie Bereitschaft, aufkommende Probleme zügig durch Training zu lösen oder einen Fachmann hinzuzuziehen.

Vereinbaren Sie einen Kennenlerntermin und eine Probezeit, damit sich Ihr berufliches Umfeld einen tatsächlichen Eindruck machen kann, ob die Bedenken gerechtfertigt sind. Legen Sie dazu Kriterien fest, die notwendig sind, damit der Hund dauerhaft mit an den Arbeitsplatz kommen kann, und den Umgang mit Reibungspunkten (Wie schnell müssen Störfaktoren abgestellt werden? Was sind absolute K.-o.-Kriterien, die zur sofortigen Beendigung der Probezeit führen?).
Verweisen Sie darauf, dass der Arbeitgeber im Rahmen seines bereits angesprochenen Direktionsrechts jederzeit die Möglichkeit hat, die Mitnahme des Hundes zu widerrufen, falls es zu Störungen der Arbeitsabläufe oder Beeinträchtigungen kommt.
Und zu guter Letzt: Ein Hund, der die Tendenz hat, nach vorne zu gehen, ständig bellt, Probleme mit Menschen oder bereits gebissen hat, gehört natürlich nicht an den Arbeitsplatz.

**1.** Auch wenn es viel Spannendes zu entdecken gibt:

**2.** Das Büro ist Ruhe- und Entspannungsort für den Hund.

Plan B: Super ist es, wenn man den Hund in eine gut geführte HuTa geben kann.

**„Was, wenn ein Mitarbeiter oder Kunde Angst vor dem Hund hat oder gar eine Allergie?"**

**Lösung** Zunächst die schlechte Nachricht: Sofern ein Mitarbeiter an einer Allergie leidet und durch einen Bürohund gesundheitlich beeinträchtigt wird, gibt es leider keine andere Lösung, als auf den Bürohund zu verzichten. Und nun die gute Nachricht: So häufig, wie angenommen, sind allergische Reaktionen auf Hunde tatsächlich gar nicht. Nähere Informationen, die Sie auch Ihren Kollegen und Vorgesetzten geben sollten, finden Sie im Kapitel „Allergie". Verweisen Sie zusätzlich auf die ausgewerteten Fragebögen. Sofern dort kein Mitarbeiter angegeben hat, an einer Allergie zu leiden, erübrigt sich die Diskussion. Kunden können dadurch geschützt werden, dass der Hund an einem Arbeitsplatz untergebracht wird, an dem er keinen direkten Kontakt zu den Kunden hat. Es bietet sich auch ein Besprechungsraum an, der für Hunde tabu ist. Zum Stichwort „Angst" gelten die bereits im vorherigen Punkt genannten Lösungsvorschläge (Management/ Leinenpflicht in öffentlichen Zonen, Tabuzonen etc.). Zusätzlich sollte klar sein, dass weder Kunden noch Kollegen, die Angst vor Hunden haben, bekehrt werden dürfen. Vorbehalte sind ausnahmslos zu respektieren und der Hundekontakt muss in diesen Fällen unterbunden werden.

**„Was ist, wenn der Hund einen Schaden verursacht?"**

**Lösung** Klären Sie im Vorfeld die Haftungssituation und fordern Sie schriftliche Bestätigungen (z.B. über eine für Ihren Hund gültige Haft-pflichtversicherung nebst Deckungs-summe) an, die Sie vorlegen können. Einzelheiten zum notwendigen Versicherungsschutz finden Sie im Kapitel „Versicherungen".

**„Was ist, wenn der Hund krank wird und nicht mit ins Büro kann?"**
**Lösung** Klar sollte sein, dass ein kranker Hund (je nach Art der Erkrankung) am Arbeitsplatz problematisch sein kann und besser zu Hause bleiben sollte. Und ebenso klar ist, dass ein kranker Hund generell ein Betreuungsproblem auslösen kann, weil er z. B. nicht in eine Hundetagesstätte gebracht werden kann. Dieses Problem betrifft allerdings nicht nur die Halter von Bürohunden, sondern auch Hundehalter, die ihren Hund nicht mit zur Arbeit bringen dürfen. Erarbeiten Sie für diese Fälle einen „Plan B", den Sie vorlegen können, und klären Sie, ob Sie in solchen Fällen (ggf. auch unbezahlten) Urlaub nehmen können.

**„Wo bleibt der Hund, wenn Kundentermine, Besprechungen oder Veranstaltungen anstehen?"**
**Lösung** Auch hier ist ein „Plan B" mehr als sinnvoll. Klären Sie bei mehrstündiger Dauer im Vorfeld ab, ob es die Möglichkeit gibt, einen Hundesitter zu engagieren, der den Hund in solchen Fällen von der Arbeit abholt, ob der Hund zu Hause bleiben/mittags nach Hause gebracht werden oder in einer Hundetages-

stätte betreut werden kann. Bei einer Abwesenheit von kurzer Dauer sollte es möglich sein, den Hund nach der Vorbereitung durch ein entsprechendes Training allein im Büro zu lassen. Ein Türschild, das Kollegen während Ihrer Abwesenheit darauf hinweist, dass Ihr Hund gerade allein im Büro ist, ist hier sinnvoll.
Weitere Optionen wären, in vorheriger Absprache einen Kollegen um die vorübergehende Betreuung des Hundes zu bitten oder, sofern alle Beteiligten einverstanden sind, den Hund nach entsprechender Vorbereitung (siehe Kapitel Training) mit in eine Besprechung zu nehmen, sofern die Besprechungsräume nicht aufgrund von Vereinbarungen zur Tabuzone für den Hund erklärt wurden.

Während Herrchen im Meeting ist, hat sein Hund Spaß.

**1.** Das Büro als Hundespielplatz? Das kommt bei Kollegen meist nicht sehr gut an.

**2.** Daher ist wildes Toben am Arbeitsplatz tabu.

**„Ein Büro ist doch kein Hundespielplatz. Darf dann bald jeder sein Haustier mitbringen?"**
**Lösung** Hinterfragen Sie dieses Argument. Häufig verbergen sich hinter dieser Haltung ganz andere Bedenken, wie z. B. die Sorge, dass die Interessen des Hundehalters über die unternehmerischen Interessen, die persönlichen Belange eines Kollegen oder des gesamten Teams gestellt werden. Diese Sorgen sollten ernstgenommen und geklärt werden. Verbirgt sich hinter dieser Frage die Sorge eines Vorgesetzten, dass jeder Mitarbeiter seinen Hund mit zur Arbeit bringen will, sehen Sie sich zunächst einmal die diesbezügliche Auswertung Ihres Fragebogens an und überprüfen Sie diesen Punkt.

Gibt es tatsächlich mehrere Mitarbeiter, die Interesse signalisieren, besteht die Möglichkeit, die Zulassung für einzelne Hunde im Wechsel zu erteilen. Eine generelle Beschränkung auf die Mitnahme von Hunden und damit den Ausschluss anderer Haustiere kann in der Betriebsvereinbarung vorgenommen werden.

**„Was kostet das Unternehmen der Bürohund?"**
**Lösung** Zunächst einmal kann ein gut integrierter Bürohund dem Unternehmen eine Menge Vorteile bringen, die auch wirtschaftlicher Natur sind (siehe dazu Kapitel „Vorteile von Bürohunden" Seite 12). Mögliche Kosten sind darüber hinaus im Einzelfall zu klären.

viduelle schriftliche Vereinbarung oder das Aufsetzen einer Betriebsvereinbarung. Zusätzlicher Bestandteil sollte der nachfolgende, für die Bürohundehalter bindende „Bürohundeknigge" sein.

Überlegen Sie an dieser Stelle bitte auch, wie Sie ggf. mit Kunden umgehen möchten, die Ihren eigenen Hund mit in die Räumlichkeiten des Unternehmens bringen. Ein fremder Hund, der die Räumlichkeiten des Bürohundes oder einer festen Gruppe von Bürohunden betritt, kann u. U. problematisch werden. Sei es, dass zwischen den Hunden ein wildes Spiel entsteht, oder dass es zu Unverträglichkeiten kommt. Eine mögliche Lösung wäre, für Kundenkontakte feste, (Büro-)hundefreie Zonen festzulegen, Zugangsbeschränkungen einzuführen, die Liegeplätze der Bürohunde durch Zugangsbeschränkungen (z. B. Kindergitter) zu schützen oder, sofern möglich, die Mitnahme von Kundenhunden zu unterbinden.

## PROBETAG

Sollten es an dieser Stelle noch Unsicherheiten seitens Ihrer Kollegen oder Vorgesetzten geben, kann ein Probetag mit dem Bürohund und/ oder ein gemeinsames Kennenlernen sinnvoll sein. Gerade Menschen im direkten beruflichen Umfeld, die Hunden grundsätzlich offen gegenüberstehen, lassen sich leichter überzeugen, wenn sie sich ein eigenes Bild von ihrem neuen vierbeinigen Kollegen machen können.

Denkbare Faktoren sind beispielsweise die Einbeziehung eines Rechtsbeistandes, ein vorübergehender Arbeitszeitverlust (der aber durch die bereits angesprochene Planung in der Einbindungsphase ausgeglichen werden kann) oder ein Anstieg der Reinigungskosten. Letzteres kann allerdings durch die aktive Mitwirkung des Hundehalters (Reinigung des Liegeplatzes in Eigenregie und Präventionsmaßnahmen, siehe Kapitel „Pflege") oder durch eine anteilige Beteiligung an den Mehrkosten in Grenzen gehalten werden.

Die aus dem Vorgespräch abgeleiteten Rahmenbedingungen sollten schriftlich fixiert und gemeinsam verabschiedet werden. Denkbar ist eine indi-

> **TIPP**
>
> Vereinbaren Sie einen Probetag, damit Vorgesetzte und Kollegen sich ein Bild von Ihrem Hund machen können.

# Bürohundeknigge

*Damit der Arbeitsalltag reibungslos klappt, sollten sich alle Hundehalter an folgende Regeln halten.*

1. Der Bürohund ist der Vereinbarung entsprechend geimpft, versichert, trainiert und sozialisiert, gepflegt und frei von Parasiten. Ein aktuelles Gesundheitszeugnis kann auf Wunsch halbjährlich vorgelegt werden.

2. Spaziergänge mit dem Hund sind Pausenzeiten und von der vertraglich vereinbarten Arbeitszeit abzuziehen.

3. In den Fluren, den Treppenhäusern/außerhalb des eigenen Büros wird der Bürohund an der Leine geführt.

4. Der Halter achtet darauf, dass sein Hund sich nicht ohne Absprache frei in anderen Räumen bewegt und sorgt dafür, dass der Hund keinen Kontakt zu Menschen aufnimmt, die dies nicht wünschen.

5. Die nachfolgenden Räume sind eine generelle Tabuzone für den Bürohund: Toiletten, Küchen, Aufenthaltsräume bzw. Kantinen, evtl. auch Besprechungsräume (je nach Vereinbarung).

6. Der Umgang mit dem Bürohund während der Arbeitszeit erfolgt in Absprache mit dem Halter. Er wird nur angesprochen, mit Leckerchen gefüttert oder gestreichelt, wenn der Hundehalter sein Einverständnis gibt. Gleiches gilt für den Kontakt zu anderen Hunden.

7. Wenn der Hund auf seinem Platz liegt, darf er nicht gestört oder angelockt werden.

8. Der Halter des Bürohundes achtet darauf, dass niemand durch den Hund in seiner Arbeit eingeschränkt wird. Stört der Bürohund Arbeitsabläufe, wird er nach Hause gebracht.

9. Sofern der Bürohund krank und eine Mitnahme ins Büro nicht zumutbar oder eine Bürohündin läufig ist und dadurch andere Bürohunde beeinträchtigt oder die Räumlichkeiten durch die Blutung verunreinigt, bleibt das Tier zu Hause.

10. An Tagen, an denen der Hundehalter viel Zeit in Veranstaltungen, Besprechungen oder mit Auswärtsterminen verbringt, bleibt der Bürohund zu Hause.

11. Der Halter des Bürohundes trägt Sorge dafür, dass auf dem Betriebsgelände und auf Spaziergängen im Umfeld des Betriebsgeländes die Hinterlassenschaften seines Hundes umgehend beseitigt werden. Sofern der Hund Schmutz in das Büro trägt, das Büro verunreinigt wird oder ein Missgeschick passiert, verpflichtet sich der Hundehalter, dies umgehend zu beseitigen.

# Der Bürohund im Bewerbungsgespräch

Ein Jobwechsel steht an, der Bürohund soll gemeinsam mit Ihnen am neuen Arbeitsplatz antreten und Sie fragen sich, zu welchem Zeitpunkt Sie dieses Thema am besten ansprechen?

**1**

E ine pauschale Antwort darauf gibt es leider nicht. Zumindest davon, den Bürohund bereits im Bewerbungsschreiben zu erwähnen, würden wir Ihnen abraten. Je nach Gestaltung des beigefügten Lebenslaufs kann eine erste Erwähnung des Hundes allerdings in der Rubrik „Interessen" (z. B. Hundesport) erfolgen. Nützlich ist es außerdem, im Vorfeld zu recherchieren, wie ein potenzieller Arbeitgeber grundsätzlich zu Hunden am Arbeitsplatz steht.

## HINWEISE AUF BÜROHUNDE

Einige Unternehmen binden vorhandene Bürohunde ganz gezielt in ihre Außenkommunikation mit ein. Die Firmenhomepage des Unternehmens, Beiträge in Sozialen Netzwerken oder

Blogs können hier gute Anhaltspunkte liefern. Ebenso bieten einige Online-Jobbörsen das Suchkriterium „Hunde im Unternehmen geduldet", das erste Anhaltspunkte geben kann.

Stellen Sie im Rahmen der Vorrecherche fest, dass Ihr potenzieller neuer Arbeitgeber Bürohunden gegenüber aufgeschlossen ist, ist dies ein guter Aufhänger für den letzten Teil Ihres Bewerbungsgesprächs, in dem Ihnen Gelegenheit gegeben wird, persönliche Fragen zu stellen. Nachdem Sie inhaltliche und organisatorische Fragen zur Arbeitsstelle oder zum Team gestellt haben, können Sie beispielsweise fragen: „Ich habe auf Ihrer Homepage/im Sozialen Netzwerk xy gesehen, dass es in Ihrem Unternehmen einen Bürohund gibt. Wie stehen Sie zu diesem Thema?" Anhand

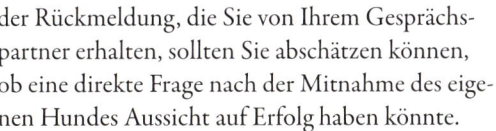

der Rückmeldung, die Sie von Ihrem Gesprächs-
partner erhalten, sollten Sie abschätzen können,
ob eine direkte Frage nach der Mitnahme des eigenen Hundes Aussicht auf Erfolg haben könnte.

## Fragen

Gibt es keine Anhaltspunkte zu bereits vorhandenen Bürohunden, sollten Sie es vom Verlauf
des Bewerbungsgesprächs, Ihrer Einschätzung des
Risikos, die Stelle aufgrund einer ablehnenden
Haltung gegenüber Bürohunden nicht zu bekommen, und Ihrem Mut abhängig machen, das Thema bereits im Bewerbungsgespräch anzusprechen.
Auch hier bietet sich die offene Frage an, wie
das Unternehmen grundsätzlich zu Hunden am
Arbeitsplatz steht.

1. Viele Unternehmen binden
den Hund in ihre Außen-
kommunikation ein.

2. Die Firmenhomepage und
Soziale Netzwerke geben
Anhaltspunkte.

3. Einige Jobportale bieten
sogar die Suchoption „Hund
im Unternehmen geduldet"
an.

## VERSICHERUNGEN

Auch der besterzogene Hund kann einen Schaden verursachen,
sei es als Stolperfalle oder Klamottenbeschmutzer.

# Versicherung

Verursacht Ihr Hund am Arbeitsplatz einen Schaden, sind Sie als Halter grundsätzlich dazu verpflichtet, für die Regulierung des Schadens aufzukommen. Das kann unter Umständen ziemlich teuer werden und deshalb ist es sinnvoll, diesen Punkt sorgfältig zu prüfen.

In Ihrer Privathaftpflicht sind üblicherweise nur Schäden durch Kleintiere mitversichert. Ihr (Büro-)Hund zählt nicht dazu. Für ihn gibt es deshalb eine separate Hundehaftpflichtversicherung, die in einigen Bundesländern sogar verpflichtend ist. Durch diese Versicherung werden aber nur Personen- und Sachschäden Dritter abgedeckt.

## KLAUSELN PRÜFEN

Zudem gibt es in einigen Verträgen Klauseln, die Ausschlüsse beinhalten. So kann es beispielsweise im Einzelfall sein, dass Schäden, die vom Hund verursacht werden, während er sich länger unbeaufsichtigt allein im Büro aufhält, nicht reguliert werden. Wir empfehlen deshalb, den Büroalltag sorgfältig zu planen und den Versicherungsvertrag im Einzelfall zu prüfen, um auf der sicheren Seite zu sein. Zu beachten ist auch, dass es je nach Versicherer und Tarif Unterschiede in der Deckungssumme für Sach-, Personen- und Vermögensschäden gibt. Auch hier gilt es im Vorfeld zu überlegen, ob die Absicherung im Schadensfall ausreichend ist. Achten Sie bei der Prüfung Ihres Versicherungsvertrages bitte auch darauf, dass Kollegen, die Ihren Hund während Ihrer Abwesenheit beaufsichtigen oder ihn in der Mittagspause ausführen, mit in den Versicherungsschutz eingeschlossen sind.

Sofern ein Arbeitskollege auf dem Weg zu einer Besprechung und damit im Rahmen seiner „normalen, betriebsdienlichen Tätigkeit" über den herumliegenden Bürohund stolpert, greift u. U. die gesetzliche Unfallversicherung. Auch hier ist es sinnvoll, im Vorfeld Informationen beim gesetzlichen Unfallversicherer über den bestehenden Versicherungsschutz einzuholen, um Haftungsrisiken abzusichern.

# Hundehaarallergie

Im Zusammenhang mit Bürohunden taucht regelmäßig auch das Thema „Hundehaarallergie" auf. Kritische Stimmen glauben sogar, dass das Projekt „Bürohund" gerade deshalb nicht realisierbar sei, weil Tierhaarallergien inzwischen weit verbreitet sind. Aber ist das wirklich so?

Hundehaare können nicht nur zu einem optischen Problem werden.

Ausgelöst wird die allergische Reaktion von bestimmten tierischen Eiweißen bzw. dem Protein „Can f1". Dieses sogenannte Allergen entstammt allerdings nicht, wie der Begriff „Hundehaarallergie" vermuten lässt, den Haaren des Hundes, sondern vielmehr seiner Haut, seinen Talgdrüsensekreten, seinem Speichel und seinem Urin. Tatsächlich reagiert der Mensch also nicht auf die Haare des Hundes, sondern auf die Allergene, die u. a. den Haaren anhaften und sich mit ihnen verbreiten.

## ALLERGISCHE REAKTIONEN

Der Kontakt mit dem Allergen löst bei Allergikern eine überschießende Reaktion des Immunsystems und damit neben Hautrötungen und Schwellungen bei direktem Hautkontakt Symptome wie tränende Augen, Schnupfen, Nies- und Hustenreiz und ein Kratzen im Hals bis hin zu asthmatischen Beschwerden aus. Gerade die letztgenannten Symptome ähneln allerdings stark denen einer Inhalationsallergie, wie sie u. a. auch durch eine Hausstauballergie oder Heuschnupfen ausgelöst wird. Um den tatsächlichen Auslöser für diese Symptome zu identifizieren, ist eine ärztliche Abklärung deshalb unumgänglich.

Zunächst einmal verbreiten sich Hundeallergene im Gegensatz zu Katzenallergenen nicht in so starkem Maße in der Raumluft und wirken auch weniger aggressiv, weil das Hauptallergen Can f1 deutlich schwerer ist und dadurch nicht lange frei in der Luft herumschwebt.

### FÜR ALLERGIKER GEEIGNET?

Vorsicht bei Hunden, die als „für Allergiker geeignet" bezeichnet werden:
Auch sie können bei Betroffenen allergische Reaktionen auslösen.

**1.** Gibt es Allergiker im Betrieb, sollten Gemeinschaftsräume für Hunde tabu sein.

**2.** Rund 4 % der Erwachsenen sind von einer Hundehaarallergie betroffen.

**3.** Dann steht das Wohl des Menschen im Vordergrund.

### NICHT JEDER ALLERGIKER REAGIERT AUF JEDEN HUND

Weiterhin ist es nicht so, dass alle Allergiker, die grundsätzlich auf einen Hund reagieren, auch auf jeden Hund gleich reagieren. So gibt es zwar Allergiker, die auf fast alle Hunde reagieren, aber auch andere, die nur bei bestimmten Rassen oder sogar bei bestimmten Hundeindividuen Symptome zeigen und bei anderen Hunden komplett symptom- und beschwerdefrei sind. Das liegt daran, dass Hunde das Hauptallergen Can f1 in sehr unterschiedlichen Mengen produzieren. Die Unterschiede hängen hierbei von Rasse, Geschlecht, Intensität des Fellwechsels und von der Menge der individuell abgegebenen fettenden Hautsekrete ab. So kann es sogar innerhalb

einer einzelnen Rasse je nach Hund zu deutlichen Schwankungen der abgegebenen Allergenmenge kommen. Die Allergieneigung hängt also im konkreten Fall sowohl vom Hund als auch von der individuellen Veranlagung des Allergikers ab, und das grundsätzliche Vorliegen einer Hundeallergie bedeutet im Umkehrschluss noch nicht das grundsätzliche Aus für den einzelnen Bürohund.

#### Häufigkeit bei Erwachsenen

Im Jahr 2013 veröffentlichte das Robert Koch-Institut eine „Studie zur Gesundheit Erwachsener in Deutschland (DEGS1)", in deren Rahmen u. a. die Erkrankungshäufigkeit bei sog. Inhalationsallergenen untersucht wurde. Die Studie kommt zu dem Schluss, dass nur bei rund 7 % der

**3**

Erwachsenen eine grundsätzliche Sensibilisierung gegen das Allergen vorliegt. Das bedeutet allerdings noch nicht, dass es auch wirklich zu einer allergischen Reaktion und damit zum Auftreten von Symptomen kommt. Dies ist nur bei etwas mehr als einem Drittel der Betroffenen der Fall, sodass laut Studie letztendlich fast 96 % der berufstätigen Erwachsenen keinerlei Symptome zeigen.

## Das Wohl des Menschen

Intention unserer Auseinandersetzung mit dem Thema „Hunde(haar)allergie" ist es natürlich nicht, die Erkrankung kleinzureden. Bei aller Begeisterung für die vierbeinigen Kollegen darf diese Problematik nicht außer Acht gelassen werden. Das Wohl des Menschen muss an dieser Stelle im Vordergrund stehen, der Arbeitgeber hat aus gutem Grund eine Fürsorgepflicht gegenüber seinen Mitarbeitern und muss versuchen, gesundheitliche Beeinträchtigungen von seinen Angestellten abzuwehren.

Und trotzdem denken wir, dass es sich lohnt, nicht gleich vor dem Schreckgespenst Allergie zu kapitulieren, sondern sich individuell mit der Thematik auseinanderzusetzen und zu prüfen, ob sie im eigenen Arbeitsumfeld wirklich in einer Ausprägung gegeben ist, die die vierbeinigen Kollegen von vornherein ausschließt, oder ob sich nicht doch individuelle Lösungen entwickeln lassen, das Projekt „Bürohund" zu realisieren, ohne dass es zu gesundheitlichen Beeinträchtigungen einzelner Mitarbeiter kommt.

> **TIPP**
> Prüfen Sie im Vorfeld, ob eine Hundehaarallergie im beruflichen Umfeld bekannt ist und ob es mögliche Lösungen gibt.

# DER IDEALE BÜROHUND

### RASSE ODER MISCHLING?

Beim Bürohund kommt es eher auf die inneren Werte an.
Er sollte ruhig, gelassen und verträglich sein.

———

# Welche Hunde geeignet sind

Es gibt über 500 Hunderassen, noch mehr Mischlinge und zudem die individuellen Eigenschaften eines Hundes – von stoisch gelassen bis aufgeregt und hibbelig. Doch welche Vierbeiner eignen sich zum täglichen Bürobegleiter?

D es Weiteren kommt es auf Ihre Lebenssituation an. Vielleicht haben Sie schon einen Hund, den Sie nun mit zur Arbeit nehmen dürfen? Das hat den Vorteil, dass Ihr Hund bereits eine Bindung zu Ihnen aufbauen konnte, Sie sein Wesen kennen und seinen Stand der Erziehung einschätzen können. Und wenn Sie bereits gearbeitet haben und er währenddessen zu Hause gewartet hat, wird er auch schon den Rhythmus aus Aktivitätszeiten vor und nach der Arbeit und Ruhezeiten während der Arbeitszeit kennen.

## EIN NEUER HUND

Die zweite Möglichkeit ist, dass der Hundewunsch schon seit längerem vorhanden ist, man aber aufgrund der Arbeit, der bisherigen Lebenssituation etc. bisher darauf verzichtet hat. Nun sind die Weichen gestellt, Sie können den Hund mit zur Arbeit nehmen und auch Ihre sonstigen Lebensverhältnisse sind so, dass ein Hund in Ihrem Leben Platz findet. Das hat den Vorteil, dass Sie die Kriterien, die ein Bürohund mitbringen sollte, bei Ihrer Auswahl berücksichtigen können.

### Gleiche Hobbys

Eigentlich versteht es sich von selbst: Zuerst einmal müssen Hund und Halter zueinander passen. Viel ist davon abhängig, dass die eigene Lebensweise und das Temperament mit der des Hundes übereinstimmen, um für beide ein ausgeglichenes und entspanntes Zusammenleben zu ermöglichen. Ein sportlicher Mensch, der in seiner Freizeit joggen, wandern und/oder Fahrradfahren geht, wird sicher gut mit einem bewegungsfreudigen Vierbeiner zurechtkommen, eine eher gemütliche Person wird mit einer vierbeinigen Sportskanone weniger glücklich werden – und umgekehrt. Für sie ist ein ruhigerer Vertreter, der sich auch mit kleineren Gassirunden begnügt, sicher geeigneter. Das bezieht sich nicht nur auf das Bewegungsbedürfnis, sondern auf alle Lebenslagen, denn Gleich und Gleich gesellt sich gern.

Ein Ridgeback ist schon aufgrund seiner Größe eindrucksvoll, ...

kann gelingen, allerdings braucht man dafür Zeit und Ruhe, evtl. fachliche Hilfe und vor allem ein tolerantes Umfeld. Diese Faktoren sind im hektischen Arbeitsalltag jedoch nicht immer gegeben. Von Hunden, die schnell drohen oder nach vorne gehen, sollte man lieber absehen, denn hier sind Probleme vorprogrammiert.

### Die Größe

Hunde sind genauso individuell in Charakter und Vorlieben wie der Mensch auch, das hängt sowohl von seiner Rasse als auch von seinem Typ ab. Daneben kommt es natürlich auch auf einige Äußerlichkeiten an, die zunächst unwesentlich erscheinen, deren Konsequenzen aber sowohl die Harmonie als auch den Alltag entscheidend beeinflussen können. Die Größe des Hundes sollte unter verschiedenen Aspekten betrachtet werden. Sie schlägt sich, um nur einige Beispiele zu nennen, nicht nur in erhöhten Kosten für Futter, Versicherung, medizinische Versorgung nieder, je größer der Hund ist. Und je größer er ist, desto mehr Platz braucht er. Das bezieht sich auch auf den Liegeplatz im Büro. Und wenn man in der Stadt wohnt und mit öffentlichen Verkehrsmitteln zur Arbeit fährt, lässt sich ein kniehoher Hund besser zwischen den Beinen verstauen als ein hüfthoher. Zudem ist es oft so, dass viele Menschen allein von der Größe eines Hundes beeindruckt sind, unabhängig davon, welche Charakterzüge dieser aufweist. Die Vorstellung, sein

### Ausgeglichenes Wesen

Als Bürohund eignen sich Hunde am besten, die über ein sicheres Wesen verfügen und eine gute Sozialisierung auf Menschen und Artgenossen sowie Alltagsgeräusche erfahren haben. Der Hund sollte auf unsere Umwelt und unseren Alltag gelassen und souverän reagieren können, denn das erleichtert sowohl Ihnen als auch dem Vierbeiner die Eingliederung in den Arbeitsalltag. Mit ängstlichen oder unruhigen Hunden hat man einen Weg vor sich. Die Einbindung ins Berufsleben

Büro mit einem großen Hund teilen zu müssen, kann dazu führen, dass manche Kollegen von vornherein das Projekt Bürohund ablehnen. Darüber hinaus stellen gesetzliche Vorgaben in manchen Bundesländern eine erhöhte Anforderung an Sachkunde und Kompetenz des Halters.

## Das Alter

Welpe oder erwachsener Hund? Beides hat Vor- und Nachteile. Bei einem erwachsenen Hund sind Wesen und Charakter bereits ausgeprägt, man kann mit etwas Erfahrung erkennen, auf welchen Hundetyp man sich ein-

lässt. Zudem sind Dinge wie Stubenreinheit zumeist kein Thema mehr, er hat kein erhöhtes Nagebedürfnis wie ein zahnendes Hundekind und auch die Phase der Pubertät mit allen Höhen und Tiefen ist durchlebt. Und je nach Alter ist sein Bewegungsbedarf nicht mehr ganz so hoch wie bei einem Junghund. Allerdings ist auch die Sozialisierung abgeschlossen, und was der Hund damals nicht gelernt oder falsch verknüpft hat, ist je nach Charakter schwer bis gar nicht nachzuholen. Hier sind zum Beispiel Ängste zu nennen, vor Männern, vor Bussen usw.

... auch wenn er vielleicht im Tiefsten seines Herzens ein Seelchen ist.

**1**

**2**

**3**

Ein Hundekind ist süß und formbar. Sie sind selbst für die Sozialisierung und die Erziehung zuständig und können es auf Ihr Leben vorbereiten. Dies erfordert jedoch Zeit, Ruhe und Konsequenz. Und Sie durchleben gemeinsam alle Lebensphasen, auch die anstrengenden. Bis der Welpe stubenrein ist, rennen Sie anfangs alle zwei Stunden mit ihm ins Freie, kleine Malheure eingeschlossen. Außerdem muss er, wie alle anderen Hundekinder auch, lernen, was man darf und was nicht. Schuhe, Tischbeine, Verpackungsmaterialien dürfen nicht benagt oder zerfetzt werden,

## HUNDERASSEN

Auf die Rassen werden wir nur ganz kurz eingehen, es würde den Rahmen des Buches sprengen.

Im Lauf der Jahrhunderte hat der Mensch die Hunde gezüchtet, die seine Bedürfnisse erfüllten. Zunächst war es die Aufgabe der Hunde, die Arbeit der Menschen mit ihren Fähigkeiten zu unterstützen und weniger, ein gesellschaftlicher Begleiter zu sein. Auch in der heutigen Zeit erledigen viele Arbeitshunde noch die ihnen ursprünglich zugedachten Aufgaben, werden aber mehr und mehr auch als Sozialpartner wahrgenommen, zumindest in unserer industrialisierten und globalen Gesellschaft. Diese auch heute noch in unterschiedlichen Ausprägungen vorhandenen Merkmale und Eigenschaften der Hunderassen sollte man kennen und bei der Auswahl berücksichtigen.

Die FCI hat die unterschiedlichen Rassen in zehn Rassegruppen gegliedert. Dazu gehören im Groben die Hüte- und Treibhunde; Pinscher, Schnauzer, Molossoide und Sennenhunde; Terrier; Dachshunde; Spitze und Hunde vom Urtyp; Lauf- und Schweißhunde; Vorstehhunde; Apportier- und Stöberhunde; Gesellschafts- und Begleithunde sowie die Gruppe der Windhunde. Hinzu kommt noch die Wundertüte Mischling bzw. Tierschutzhund.

an Menschen wird nicht hochgesprungen. Wenn es langweilig wird, wird nicht gefiept oder gebellt, um nur ein paar Beispiele zu nennen. Das ist an sich schon anstrengend und neben einem Fulltime-Job mit vielen Terminen und Zeitdruck schwer zu bewerkstelligen. Im Anschluss kommen die Junghundphase und die Pubertät mit Bewegungsdrang, Übermut, ängstlichen Phasen und allem, was dazugehört. Sprich, die ersten ein bis anderthalb Jahre können ganz schön turbulent und nervenaufreibend sein, bis man den Begleiter hat, den man sich wünscht.

**1.** Ein Hundekind ist formbar und lernfähig, …

**2.** … hat aber noch jede Menge Flausen im Kopf und bedarf einer liebevollen und konsequenten Erziehung.

**3.** Auch Stillhalten will gelernt sein!

Pinscher sind wachsame Allrounder.

Hütehunde wollen beschäftigt werden.

**Hütehunde** haben die Aufgabe, eine Herde zusammenzuhalten, von einer Weide zur anderen zu treiben oder einzelne Tiere gezielt von der Gruppe zu trennen. Sie sind Arbeitshunde, die von ihrem Menschen ein großes Beschäftigungsprogramm erwarten. Zu den bekanntesten Rassen gehören Deutscher Schäferhund, Australian Shepherd oder Border Collie. Bei ihnen sollte man dem erhöhten Anspruch an körperlicher und geistiger Auslastung Rechnung tragen. Beim Training muss die rassetypische Eigenart des Hinterherlaufens und Menschenhüten beachtet und mit einbezogen werden, ansonsten ist der Hund für das Büro gut geeignet.

**Pinscher, Schnauzer, Molossoide und Sennenhunde** waren die Allrounder auf Hof und Gut. Pinscher und Schnauzer hatten die Aufgabe, Ratten zu jagen, Molosser und Sennenhunde waren auch dazu da, das Vieh in engem Rahmen zu treiben. Alle mussten den Hof bewachen und Fremde ankündigen und sind daher territorial veranlagt. Mit entsprechender Erziehung eignen sie sich zum Bürohund, wenn man das Bellen und Bewachen in die richtigen Bahnen lenkt.

Klein und mit eigenem Kopf: der Dackel

Retriever sind beliebte Begleiter, hier ein Labrador.

**Lauf- und Schweißhunde, Vorstehhunde, Apportier- und Stöberhunde** sind Jagdhunde. Sie wurden gezüchtet, um die Jagd des Menschen zu unterstützen, entweder als eigenständige Jäger oder unter dessen Einfluss. Dies reicht vom Aufspüren des Wildes über das Anzeigen bis zur Nachsuche des geschossenen Wildes bzw. dem Apportieren, das Bringen von erlegtem Wild. Typische Vertreter sind Pointer, Münsterländer, Beagle, Spaniel, Setter sowie Golden und Labrador Retriever. Bei guter Auslastung und Training sind sie sowohl im Haus als auch im Büro meist unauffällige, ruhige Begleiter und somit als Bürohunde gut geeignet.

**Terrier und Dachshunde** sind Einzeljäger, die dazu da waren, Wild eigenständig aufzuspüren und zu stellen. Dies erfordert Mut, eigenständiges Handeln und Durchsetzungsvermögen, was diese Rassen auch heute noch mitbringen. Zur Not werden auch mal die Zähne eingesetzt. Sowohl Terrier als auch Dackel können tolle Begleiter im Büro und Alltag sein, wenn man ihr Draufgängertum rechtzeitig unterbindet, ihre Bellfreude in Bahnen lenkt und sie in der Freizeit gut auslastet.

> **TIPP**
>
> Ob Bewegungsfreude, Wesen, oder Eigenschaften: Der Hund sollte zu seinem Besitzer passen.

Schneller Sprinter: Der Whippet

Überraschung! Ein Mischling.

Bullies sind
tolle Gesellschafter.

**Windhunde**, wie zum Beispiel Italienisches Windspiel, Whippet, Greyhound oder Afghane, zählen ebenfalls zu den Jagdhunden. Ihre Aufgabe war es, eigenständig auf Sicht zu jagen und gesundes Wild im Laufen einzuholen. Sie gehören zu den schnellsten Landtieren und werden heutzutage hauptsächlich als Haushunde gehalten und in Hunderennen eingesetzt.

Wie alle Jagdhunde verfügen sie über einen erheblichen Bewegungsdrang, dennoch sind sie als Bürohunde gut geeignet, sofern sie ausreichend ausgelastet werden.

**Begleit- oder Gesellschaftshunde** werden ausschließlich zur Begleitung ihres Halters eingesetzt und dafür auch gezüchtet. Daher sind Chihuahua, Mops, Pekinese, Pudel und Co. die enge Bindung an den Menschen gewöhnt und gute Alltagsbegleiter, auch im Büro.

Bei **Mischlingen und Tierschutzhunden** weiß man oft nicht, welche Rassen in ihnen stecken. Nur durch intensive Beobachtung des Hundes und seines Verhaltens ist es möglich, rassetypische Merkmale zu erkennen. Durch bisher Erlebtes sind diese Hunde, je nach Vorgeschichte, in aller Regel stressanfälliger, was jedoch nicht dazu führen darf, ihnen mit Mitleid zu begegnen. Sie verdienen Respekt, wie jedes Lebewesen, insbesondere dafür, dass sie es allen Widrigkeiten zum Trotz geschafft haben, in unserer Gesellschaft zu überleben.

Gleichgültig, für welche Rasse Sie sich entschieden haben: Um den tierischen Partner erfolgreich zum Arbeitskollegen zu machen, kommt es vor allem auf seinen Charakter, eine hohe Qualität des Trainings und eine regelmäßige und gute Auslastung an.

# VERSCHIEDENE HUNDETYPEN

Eine Einteilung in vier verschiedene Hundetypen, unabhängig von der Rasse, beschreibt die unterschiedlichen Charaktere. Sie hilft, die Bedürfnisse und Probleme zu erkennen und unsere Anforderungen darauf abzustimmen bzw. den „richtigen" Hund auszusuchen.

### DER ENTSPANNTE (THE RELAXED)

Neue Situationen lassen ihn kalt und bringen ihn nicht aus der Ruhe. Er eignet sich gut als Bürohund.

### DER BEOBACHTER (THE WATCHER)

Unbekannte Situationen lassen ihn zunächst oft nicht entspannen, erst durch genaues Beobachten gelingt es ihm, sich auf die Situation einzustellen und zu akzeptieren. Das kann manchmal eine gewisse Zeit beanspruchen.

### DER NERVÖSE (THE NERVOUS)

Er reagiert stark auf Änderung der Umstände, Situationen, Menschen, Geräusche und andere Umwelteinflüsse. Das kann sich durch heftiges Ziehen an der Leine, Hecheln, Sabbern, unruhiges Hin-und-her-Laufen oder Nicht-auf-seinem-Platz-Liegenbleiben äußern. Er braucht einen gelassenen, souveränen Menschen an seiner Seite, der ihm Sicherheit und Ruhe vermittelt. Das Training könnte etwas Zeit in Anspruch nehmen.

### DER KLUGE (THE WISE)

Er ist allen Situationen gewachsen, reagiert auf Veränderungen weder nervös noch ängstlich. Er ist lernbereit und ganz bei seinem Menschen, dem er zeigen will, was er gelernt hat und dass er es kann. Er passt sich schnell an und eignet sich gut als Bürohund.

# Ernährung, Pflege und Hygiene

Noch ein Wort zu Äußerlichkeiten: Im Büro erscheint man sauber, gepflegt und ordentlich. Das gilt nicht nur für Zweibeiner, sondern auch für vierbeinige Kollegen.

D as bedeutet, dass der Hund regelmäßig gebürstet und je nach Fell getrimmt wird. Auch turnusgemäße Wurmkuren und Impfungen gehören dazu, ebenso sollte der Hund frei von Ektoparasiten sein. Suchen Sie ihn nach Zecken ab, kontrollieren Sie auf Flohbefall und beugen Sie in Absprache mit dem Tierarzt gegebenenfalls mit einem Prophylaxemittel vor, wenn möglich auf Bio-Basis. Halsband, Geschirr und Leine sollten sauber sein. Hier bietet sich ein Büro- und ein Freizeitoutfit an. Des Weiteren sollte man darauf achten, dass die Decken regelmäßig gegen frisch gewaschene ausgetauscht und die Liegeplätze gereinigt werden. Regelmäßiges Lüften sorgt nicht nur für frischen Wind im Büro, sondern auch für eine Portion

Sauerstoff für alle Beteiligten. Wenn man auf die hier genannten Dinge achtet, hat man schon eine ganze Menge dazu beigetragen, dass es nicht nach „Hund" riecht, wie manch Kollege naserümpfend anmerken könnte.

## NASSER HUND UND ANDERE „DÜFTE"

Bei nassem Wetter empfiehlt es sich zudem, dem Hund einen Mantel überzuziehen. Auch Nässe und Rückstände von Schlamm können auf Haut und Fell des Hundes einen unangenehmen Geruch erzeugen – ganz abgesehen davon, dass ein nasser und schlammiger Hund im Büro hässliche Spuren hinterlassen würde. Legen Sie deshalb ein frisches Handtuch bereit, um den Hund vor der Rückkehr

Auf ein gepflegtes Äußeres wird Wert gelegt, auch beim vierbeinigen Kollegen.

## Und er müffelt doch …

Neigt Ihr Hund generell zu starkem Eigengeruch oder zu Blähungen, sollten Sie die Fütterung auf mögliche Unverträglichkeiten prüfen und ggf. auch einen Tierarzt zu Rate ziehen. Gesunde Hunde, die hochwertiges und passendes Futter erhalten, zeigen so gut wie keinen Eigengeruch. Unabhängig von der Situation am Arbeitsplatz tun Sie Ihrem Vierbeiner auch so einen großen Gefallen, der Ursache auf den Grund zu gehen.

Ebenso sollte strenger Mundgeruch des Hundes tierärztlich abgeklärt werden. Neben harmlosen Ursachen wie Speiseresten, die sich im Maul angesammelt haben, oder Zahnstein, können sich dahinter auch behandlungsbedürftige Erkrankungen verbergen, die unbedingt abgeklärt werden sollten.

## HUNDEFUTTER

Wenn Sie Ihren Hund während der Arbeitszeit füttern möchten, sollten Sie darauf achten, dass sich dadurch niemand gestört fühlt. Stark riechendes Fleisch oder geöffnete Futterdosen sollten nicht im Gemeinschaftskühlschrank gelagert werden und vom Futter sollte keine Geruchsbelästigung ausgehen. Je nach Futterart kann es deshalb sinnvoll sein, den Hund in der Pause außerhalb geschlossener Räume zu füttern oder gut zu lüften. Auch bei Kauartikeln sollte man darauf achten, dass sich niemand durch den Geruch oder durch die Geräusche, die der Hund beim Kauen macht, gestört fühlt.

ins Gebäude abtrocknen und säubern zu können. Leider gehen die Geschmäcker für „gute Düfte" auseinander, wenn man Mensch und Hund befragen würde. Für viele Hunde gibt es nichts Schöneres, als sich in stinkenden Dingen wie Dreck, Mist oder Aas zu wälzen. Parfümiert sich Ihr Hund auf einem privaten Spaziergang ein, sollten Sie ihn im Anschluss mit einem milden Hundeshampoo waschen. Vor der Arbeit oder in der Mittagspause sollte der Hund bestenfalls gar nicht erst die Möglichkeit haben, ein ausgiebiges Duftbad zu nehmen. Sollte es dennoch mal geschehen, ist es sinnvoll, einen Lappen oder unparfümierte Feuchttücher im Büro zu deponieren, damit man den Hund zumindest notdürftig reinigen kann.

# DAS BÜROHUNDE-TRAINING

### ENDLICH FREIZEIT!

Gerade für Bürohunde ist es wichtig, dass sie vor und nach dem Arbeitstag genügend Möglichkeiten haben, Hund sein zu dürfen.

# Vorbereitungen

Die Entscheidung ist getroffen, der Chef und alle Kollegen sind informiert, einverstanden und Sie sind sich Ihrer Verantwortung für das Gelingen des Projektes bewusst: Der Hund wird Bürohund!

D och bevor es richtig losgeht, sollten Sie noch ein paar Vorbereitungen treffen. Zum einen muss Ihnen bewusst sein, dass, wenn Sie ganztags arbeiten und Ihren Hund mitnehmen, die Zeit davor und danach ihm gehört. Das bedeutet, wenn Sie acht Stunden arbeiten, eine halbe Stunde Pause machen und noch einen Arbeitsweg von je einer Stunde haben, bleibt nicht mehr viel vom Tag übrig. Denn vor der Arbeit sollten Sie noch eine dreiviertel Stunde mit Ihrem Hund laufen und ihn beschäftigen, damit er ausgelastet ist und tagsüber Ruhe geben kann. Und wenn Ihr Arbeitstag endet, ist Ihr Hund erholt und möchte etwas erleben. Das bedeutet einen weiteren großen Spaziergang mit Spiel und Beschäftigungseinlagen. Und das Tag für Tag, bei jedem Wetter und ein Hundeleben lang. Wenn Sie bereits Hundehalter sind und Ihr Hund bisher zu Hause oder anderweitig betreut wurde, wissen Sie das und es schreckt Sie nicht. Doch Neuhundehalter sollten dies in ihrem Herzen bewegen und ehrlich mit sich sein, ob sie das können und wollen.

## FÜR NEUHUNDEHALTER

Wenn der Hund gerade erst zu Ihnen kommt, ist es sinnvoll, 14 Tage Urlaub zu nehmen. Vielleicht kann Ihr Partner zeitversetzt auch zwei Wochen frei machen, damit sich Ihr Hund erst mal bei Ihnen einleben, Sie, Ihre Umgebung und Ihre Gewohnheiten kennenlernen kann. Die Zeit können Sie bereits nutzen, um ihn auf seinen Job als Bürohund vorzubereiten.

### Gewohnheitstiere

Hunde gewöhnen sich recht gut an Rituale und Zeiten. Das gibt ihnen Sicherheit. Daher macht es Sinn, dass Sie Aktivitäts- und Ruhezeiten während Ihres Urlaubs bereits an den Rhythmus des Alltags anpassen. Sprich, Sie gehen morgens eine große Runde, Vormittags ist Ruhe und Entspannung angesagt, Mittags gehen Sie mit ihm hinaus und spielen ein bisschen, dann ist wieder Pause bis zur Feierabendzeit, wo sich der Hund bei einem großen Spaziergang geistig und körperlich auspowern darf. Es muss natürlich nicht auf die Stunde genau sein.

1

2

1. Läuft der Hund sicher am Rad, kann man Gassirunde und Arbeitsweg kombinieren.

2. Auch Busfahren will gelernt sein.

Die Ruhezeiten verstreichen nicht ungenutzt. Hier können Sie das Liegeplatztraining aufbauen, das Ihnen den Büroalltag erleichtern wird. Wie es geht, wird auf Seite 65 beschrieben.

### Der Arbeitsweg

Wenn Sie mit dem Auto zur Arbeit fahren oder zu Fuß gehen und Ihr Hund kennt das bereits, brauchen Sie nicht weiter zu üben. Möchten Sie ihn am Fahrrad mitnehmen, sollten Sie die Strecke einmal gemeinsam abradeln, auch um zu sehen, wie lange Sie dafür benötigen. Voraussetzung ist, dass der Hund ausgewachsen und gesund ist und bereits am Fahrrad laufen kann,

sonst muss auch dies gesondert trainiert werden, bis es gut klappt. Das gleiche gilt für öffentliche Verkehrsmittel. Informieren Sie sich im Vorfeld über die Vorschriften (Maulkorb) und ob Sie ein Ticket für ihn brauchen. Ihr Hund ist bereits an die Fahrt mit öffentlichen Verkehrsmitteln gewöhnt? Falls ja, bedarf es keines besonderen Trainings. Falls nicht, sollten Sie den Hund langsam an die neue Situation gewöhnen. Gehen Sie mit Ihrem Hund zunächst an die Haltestelle und setzen sich auf eine Bank, während Bus oder Bahn an- und abfahren. Geben Sie ihm Zeit, das neue Umfeld zu beobachten und erste Eindrücke zu sammeln.

Beim nächsten Mal fahren Sie eine Station mit und laufen gemeinsam nach Hause. Wenn alles gut klappt, können Sie einmal gemeinsam zur Arbeit fahren und anschließend wieder heim.

Den Hund langsam an den Weg zur Arbeit zu gewöhnen, sofern er die Abläufe noch nicht kennt, hat einen wichtigen Grund: Der Arbeitsplatz soll für Ihren Bürohund Ruhe- und Entspannungsort sein. Ein Hund, der bereits vom Weg dorthin gestresst ist, wird erfahrungsgemäß Mühe haben, sich beim Betreten des Büros entspannt auf seinen Liegeplatz zurückzuziehen und zu schlafen.

## WIE MAN SICH BETTET …
## DER IDEALE LIEGEPLATZ

Mit oder ohne Hund: Sie dürfen shoppen gehen, denn Ihr Vierbeiner braucht ein passendes Bett fürs Büro. Auf dem Markt wird eine Vielzahl an unterschiedlichen Hundebetten angeboten. Sie können zwischen Decken, Körben, Boxen, orthopädischen Betten oder Kennels wählen, es gibt unterschiedliche Größen, Formen und Materialien. Für jeden Geschmack und für jeden Geldbeutel ist etwas dabei. Sicher soll das Hundebett nicht nur Ihnen gefallen, sondern vor allem Ihren Hund. Es gibt aber auch ein paar praktische Dinge, auf die man beim Kauf achten sollte: Das Hundebett sollte so groß sein, dass der Hund ausgestreckt darin liegen kann. Ist es zu klein und er muss sich dauerhaft zusammenfalten oder hängt darüber hinaus, wird es schnell unbequem. Die Folge ist, dass der Hund das Bett nicht gern annimmt, nicht entspannt schlafen kann und somit auch eher versucht ist, den Schlafplatz zu verlassen. Des Weiteren sollte die Liegefläche des Hundebetts durchgehend sein und beispielsweise aus Schaumstoff bestehen, nicht aus einer billigen Wattefüllung, die schnell verklumpt. Viele Hunde schätzen einen Rand, auf dem sie ihren Kopf ablegen können. Weiterhin sollte man darauf achten, dass das Bett wasch- bzw. abwaschbar ist. Entweder nimmt man Hundebetten, deren Bezug abziehbar und waschmaschinenfest ist, oder man wählt eins aus Kunstleder, das man gut reinigen kann. Je nach Modell kann man noch eine Decke hineinlegen, die ebenfalls waschbar sein sollte.

Das Hundebett sollte bequem sein, damit der Hund auch zur Ruhe kommen kann.

# DER OPTIMALE PLATZ IM BÜRO

Die Stellenbeschreibung Ihres Hundes sieht in etwa so aus: „Sehr gute Kenntnisse im Ruhe geben, entspannen und schlafen. Langjährige Erfahrungen im Liebsein erwünscht. Wir bieten Ihnen einen ungestörten und bequemen Liegeplatz." Damit er seinen Job gut erledigen kann, muss der Ort, wo sein Liegeplatz zukünftig sein soll, nach folgenden Kriterien ausgewählt werden.

### ANGENEHM

Der Platz ist so gewählt, dass der Vierbeiner nicht im Kabelsalat liegen muss, aus Versehen getreten oder vom Schreibtischstuhl überfahren wird. Zudem sollte es nicht zu heiß (Heizung im Winter, hereinscheinende Sonne im Sommer), zu kalt oder zugig sein. Ein Napf mit frischem Wasser steht immer in seiner Nähe.

### RUHIG UND UNGESTÖRT

Sein Platz befindet sich in einer ruhigen Ecke ohne Durchgangsverkehr. Am besten liegt er hinter Ihnen oder unter Ihrem Schreibtisch. Im Durchgangsbereich, nah an der Tür oder vor Ihrem Schreibtisch ist zu viel los, um ungestört schlafen zu können, außerdem wäre er im Weg. Manche Hunde fühlen sich dann auch in die Rolle des Pförtners oder gar des Sicherheitsdienstes gedrängt und grüßen Vorbeigehende, kommentieren das Weltgeschehen oder überwachen die Bewegungen der Kollegen.

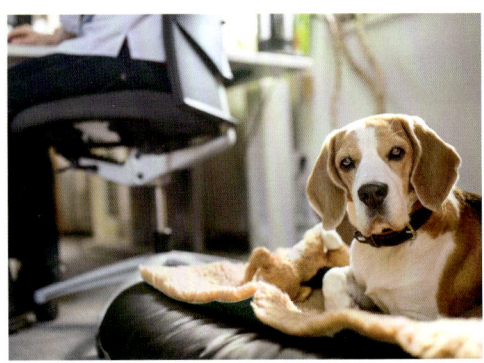

### BEI IHNEN

Der Platz sollte in Ihrer Nähe sein, zum einen, weil die meisten Hunde gern Anschluss und Nähe zu ihrem Besitzer möchten, zum anderen, damit Sie ihn schnell korrigieren können, falls dies erforderlich sein sollte.

## DAS LIEGEPLATZTRAINING

Nun wenden wir uns wieder dem Hund zu.
Nachdem das Hundebett fürs Büro ausgesucht
und gekauft wurde, bietet es sich an, bereits zu
Hause das Signal „Geh auf deinen Platz" oder
„ins Körbchen" mit diesem Liegeplatz zu trainieren. Das hat den Vorteil, dass sich der Hund
schon mal an sein neues Bett gewöhnen kann
und dieses nach ihm riecht. Zudem lernt er, was
künftig von ihm gewünscht ist, nämlich dass
er auf seinen Platz geht und sich dort so lange
aufhält, bis er die Erlaubnis erhält, ihn wieder
zu verlassen.

### Los geht's

Sie brauchen ein paar Belohnungskekse und die
Unterlage, die im Büro zur Verfügung stehen
wird. Hilfreich ist, wenn der Hund den Befehl
„Platz" kennt und sicher beherrscht. Üben Sie
am Anfang nur kurz und lösen Sie das Signal
schnell wieder auf. Wenn er länger liegen bleiben
soll, ist es am Anfang von Vorteil, wenn der
Hund draußen war, satt und müde ist und ohnehin vorhat, zu schlafen.

**Das Signal**  Suchen Sie sich ein Hörzeichen
aus, dass Sie zukünftig immer verwenden, z. B.
„Geh auf deinen Platz", „auf die Decke" oder
„ab ins Körbchen".

**Heranführen**  Sprechen Sie Ihren Hund an
und halten Sie ihm das Leckerchen vor die Nase,
während Sie das Hörzeichen geben. Dabei führen Sie ihn auf seinen Platz und belohnen ihn,
wenn er daraufgeht. Üben Sie das einige Male.
Nach mehreren Wiederholungen sollte er schon
von sich aus auf die Decke gehen. Ab sofort bekommt er das Leckerchen nur noch, wenn er auf
der Decke ist, und wird nicht mehr gelockt.

**1**

**2**

**1.** Der Hund bekommt das Signal
„Auf die Decke".

**2.** Nach Ausführung des Signals
gibt es eine Belohnung.

Im nächsten Schritt soll er sich hinlegen.

**Hinlegen** Nun geben Sie das Signal „Platz", sobald der Hund auf der Decke ist. Legt er sich, erhält er die Belohnung. Anschließend wird die Übung – in mehreren Einheiten über den Tag verteilt – so lang wiederholt, bis er sie verstanden hat und sicher ausführt. Es ist von Vorteil, wenn man bereits das Auflösesignal (z. B. „Okay") gibt, kurz bevor er den Platz verlassen möchte.

**Bleib** Geht der Hund sicher auf seine Unterlage und legt sich dort ins „Platz", gehen wir einen Schritt weiter und nehmen das Signal „Bleib" hinzu. Wir stellen uns in gerader Körperhaltung vor den Hund, strecken einen Arm mit nach vorn zeigender Handfläche in Richtung Hund und sagen „Bleib". Ohne ihn

**2**

direct anzusehen, bleiben wir vor ihm stehen, zählen langsam bis 10, dann belohnen wir ihn und er darf aufstehen. Denken Sie dabei immer an das Auflösesignal, bevor Sie die Übung beenden. Wiederholen Sie dies einige Male, wobei die Phasen des Liegenbleibens länger werden. Wenn das gut klappt, können Sie sich in kleinen Schritten von der Decke entfernen, bis Sie zuletzt aus dem Sichtfeld des Hundes heraustreten können. Üben Sie in kleinen Schritten und erhöhen Sie nur einen Schwierigkeitsgrad zur Zeit, also entweder die Dauer des Liegens oder die Entfernung zum Hund.

**Ungefragtes Aufstehen** Wenn der Hund ungefragt aufsteht und die Decke verlässt, wird er mit einem „Nein" sanft, aber bestimmt zur Decke zurückgeführt und abgelegt. Liegt er wieder, geben Sie ihn nach kurzer Zeit mit dem Auflösesignal frei. Wenn es häufiger vorkommt, sollten Sie im Training einen Schritt zurückgehen.

Üben Sie mehrmals am Tag in kurzen Einheiten. Nutzen Sie es, wenn Ihr Hund von sich aus auf seinen Platz gehen möchte, indem Sie das Signal geben. Wichtig ist, dass er bequem liegen darf und nicht die ganze Zeit in einer korrekten Platz-Position liegen muss. Es soll ja auf seinem Platz entspannen und schlafen können. Wenn er aufstehen möchte und auch darf, sollten Sie Ihr Freigabesignal nicht vergessen, bevor er seinen Platz verlässt.

**1.** Entspanntes Liegen wird zwischendurch mit ruhigen Worten belohnt.

**2.** Wenn der Hund unerlaubt aufstehen möchte, bekommt er ein „Bleib"-Signal.

# Klare Regeln für alle Beteiligten

Der Hund soll sich im Büro ruhig und unauffällig verhalten, sprich: die meiste Zeit auf seiner Decke liegen und schlafen, während die Menschen ihrer Arbeit nachgehen. Doch das ist nicht immer so einfach, denn es gibt immer zwei Seiten ...

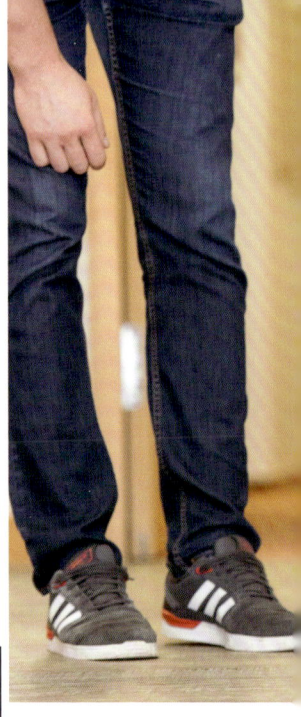

**2**

**1**

### DIE KOLLEGEN

Im Groben werden Ihnen drei Arten von Kollegen an Ihrem Arbeitsplatz begegnen:

**Die Neutralen** Diese Menschen haben nichts gegen Hunde, brechen beim Anblick eines Vierbeiners aber auch nicht gleich in Begeisterung aus. Mit dieser Gruppe haben Sie es am leichtesten, denn sie akzeptieren den Hund, ohne ihn sonderlich zu beachten oder etwas von ihm zu wollen.

**Die Skeptiker** Diese Menschen haben Angst vor Hunden, mögen sie nicht oder halten ihre Anwesenheit im Büro für überflüssig. Bitte versuchen Sie nicht, die Kollegen zu bekehren. Vermeiden Sie jegliche Art von Konfliktpotenzial und halten Sie den Hund von ihnen fern. Bleiben Sie freundlich und gehen Sie zur geschäftlichen Tagesordnung über, dann klappt es meistens auch mit nicht so aufgeschlossenen Kollegen.

**Die Befürworter** Sie befürworten das Projekt „Kollege Hund" und werden Sie tatkräftig unter-

**3**

1. Die Neutralen unter den Kollegen schenken dem Hund nicht viel Beachtung.

2. Die Befürworter suchen aktiv Kontakt zum Hund.

3. Die Skeptiker wollen mit Hunden nichts zu tun haben. Das sollte man respektieren.

stützen. Und wenn der Hund mal bellt oder nicht gleich alles von Anfang an klappt, wird diese Gruppe Verständnis zeigen und ein gutes Wort für Sie einlegen. Allerdings gibt es auch einen Nachteil: Diese Kollegen sind oft so begeistert, dass sie Kontakt suchen, den Hund streicheln, ihn füttern oder mit ihm spielen wollen. Es ist nicht immer leicht, die Befürworter in ihrer Euphorie zu zügeln, ohne sie vor den Kopf zu stoßen, gerade wenn der Hund neu oder gar noch ein Welpe ist.

## REGELN IM BÜRO

Damit der Alltag funktionieren kann, müssen im Vorfeld Regeln festgelegt werden, an die sich jeder halten sollte. Liegt der Hund auf seinem Platz, wird er nicht angesprochen, angestarrt, gelockt, gefüttert oder gestreichelt. Er wird einfach ignoriert und jeder geht seiner Arbeit nach. Anfangs sind nur Sie befugt, den Hund auf seinen Platz zu schicken bzw. ihn freizugeben.

Generell herrscht in den Räumen Spielverbot, es werden keine Bälle geworfen, auch Hunde dürfen im Büro nicht miteinander spielen. Sonst sind schnell alle aufgeputscht, der Ball trifft die Blumenvase, die den Gang entlangrennenden Hunde rempeln eine Kollegin um, die dem Thema Bürohund ohnehin schon mehr als kritisch gegenüberstand, es gibt aufgeregtes Gekläffe, während die Firmenleitung aus den USA anruft … Sie sehen schon, wo das Ganze hinführen kann: Es artet schnell in Chaos aus und ehe man sich versieht, wird das „Experiment Bürohund" als gescheitert abgebrochen.

### Kompromisse

Um die Hundefreunde nicht ganz vor den Kopf zu stoßen, können Sie sie fragen, ob sie in der Mittagspause mit zum Gassigehen möchten. Hier können sie mit dem Hund laufen, ihn beobachten und ihn streicheln.

Ruhig und abgeklärt: Ältere Hunde sind meist froh, wenn sie sich ausruhen dürfen.

Je nach Hund, Unternehmen und sonstigen Umständen können Sie auch abwägen, ob Sie Ihrem Hund ein Begrüßungssignal beibringen möchten. Bürohund Nelson kennt zum Beispiel das Signal „Guck mal, wer da ist". Wenn das Signal erfolgt, darf er aufstehen und Kontakt mit dem ins Büro gekommenen Kollegen aufnehmen, sofern er möchte. Auch vierbeinige Kollegen darf er so kurz begrüßen. Entweder zieht er sich nach kurzer Zeit von selbst wieder zurück oder er wird auf seinen Platz geschickt. Auch hier gibt es Spielregeln. Erstens: Frauchen entscheidet, ob, bei wem und wie oft sie das Signal geben kann. Zweitens: Wenn der Hund tief und fest schläft, wird er nicht gestört. Drittens: Alle Begrüßungen erfolgen ruhig und entspannt, also kurzes Schnuppern und Schwanzwedeln, ruhige Ansprache und entspanntes Streicheln. Wenn Sie merken, dass es bei Ihrem Hund nicht funktioniert, sollten Sie die Kontakte auf die Pausen oder auf den Feierabend beschränken.

## BALANCEAKT

Gerade die Eingewöhnungszeit ist eine Gratwanderung für alle Beteiligten. Der Hund und Sie stehen im Fokus, alle schauen, ob und wie es funktioniert. Für Ihren Vierbeiner ist alles neu: die Menschen, die Geräusche, das Kommen und Gehen und vermutlich auch, dass er die ganze Zeit brav auf seinem Platz liegen soll. Sie stehen unter Strom, weil der Hund möglichst gut funktionieren soll. Sie wollen es allen Kollegen recht machen, Ihrem Hund gerecht werden und vor allem Ihre Arbeit gut erledigen. Das kann ganz schön viel auf einmal sein!

### Absprachen mit dem Chef

Um den Hund nicht zu überfordern, ist es sinnvoll, mit einer Stunde zu beginnen und die Zeit im Büro nach und nach zu steigern. Klappt das gut, bleiben Sie zweieinhalb Stunden, dann einen halben Tag usw. Wie schnell Sie mit dem Training vorankommen, hängt vom Fortschritt Ihres Hundes ab. Bei manchen Vierbeinern kann die Eingewöhnung innerhalb weniger Tage gelingen, bei anderen dauert es ein paar Wochen, wobei es zwischendrin auch zu Rückschritten kommen kann. Erklären Sie das Trainingskonzept Ihrem Chef und Ihren Kollegen.

Da Sie in der Eingewöhnungszeit Ihre beruflichen Aufgaben voraussichtlich nicht in vollem Umfang erledigen können, sollten Sie auch das im Vorfeld ansprechen und eine Regelung vereinbaren. Vielleicht ist es möglich, Urlaubstage aufzusparen, vorzuarbeiten oder bereits angesammelte Überstunden abzubauen, für einen begrenzten Zeitraum die Arbeitszeit zu reduzieren oder teilweise im Homeoffice zu arbeiten, wenn Ihr Aufgabengebiet dies ermöglicht. Man kann es auch so regeln, dass der Hund mittags von einem Familienmitglied oder Hundesitter abgeholt wird, bis er voll „eingearbeitet" ist.

### PLAN B

Generell sollten Sie einen Plan B in der Hinterhand haben, falls der Hund noch nicht so weit ist, um mit ins Büro zu kommen, weil er zu ängstlich oder zu aufgeregt ist oder die Eingewöhnung länger dauert als geplant. Sie müssen jedoch wieder arbeiten, also braucht man eine Alternative, um das Problem zu lösen. Für den Fall, dass Freunde, Nachbarn oder Familienangehörige nicht zur Verfügung stehen, bleiben im Wesentlichen zwei Möglichkeiten: Es gibt gute Hundetagesstätten, die gegen Entgelt die professionelle Betreuung des Hundes übernehmen. Idealerweise lernt er dabei, sich auf fremde Menschen, unterschiedliche Hunde und ihm unbekannte Situationen einzustellen. Sie können auch mit ihm üben, dass er allein zu Hause bleibt. Dabei sollte er als Rudeltier nicht länger als vier bis höchstens fünf Stunden allein sein.

Für den Fall, dass der Hund mal krank wird und deshalb weder ins Büro mitgenommen noch in der Hundetagesstätte oder bei anderen Betreuern abgegeben werden kann, sollte man einige Urlaubstage zurückhalten.

## MÖGLICHKEITEN ZUR UNTERSTÜTZUNG

Ist Ihr Hund eher nervös, unsicher oder ängstlich? Hier kann es helfen, auf Hilfsmittel in Form von Pheromon-Halsbändern, zum Beispiel von Adaptil, oder Anti-Stress-Tabletten zur Stressreduktion zurückzugreifen. Diese Hilfsmittel sollten jedoch nur in Zusammenarbeit und Absprache mit einem Fachmann bzw. Tierarzt eingesetzt werden.

> **TIPP**
> Überlegen Sie im Vorfeld, was Sie machen werden, wenn die Eingewöhnung nicht gleich klappt. Ein Plan B gibt Ihnen Sicherheit.

## RITUALE GEBEN SICHERHEIT

Sich wiederholende Abläufe helfen dem Hund
vorauszusehen, was ihn als nächstes erwartet.

———

# Trainingsschritte im Büro

Nun geht es endlich los und Ihr Hund darf mit ins Büro. Ganz schön aufregend, oder? Es gibt viel zu entdecken und zu lernen, das Sie als Team zusammenbringt.

W ie erwähnt, beginnen wir stundenweise mit dem Training: Der Bürotag wird nach und nach etwas länger und weitere Schritte werden hinzugefügt. Wichtig ist, dass der Ablauf immer ähnlich ist und dass der Hund vor der Arbeit die Möglichkeit bekommt, sich auszutoben und seine Geschäfte zu erledigen, sodass er auch entspannt im Büro liegen und schlafen kann.

Die Dauer der Eingewöhnung hängt vom jeweiligen Hund ab, jeder Hund lernt in seinem eigenen Tempo. Es kann vorkommen, dass man mehrere Tage hintereinander die Phase 1 üben muss, bevor der Hund in der Lage ist, den nächsten Schritt in Angriff zu nehmen. Es heißt also, viel Ruhe und Geduld beim Training aufzuwenden. Ihr Hund muss die Zeit bekommen, die er zum Lernen braucht.

## KENNENLERNTAG

Es bietet sich an, mit dem Hund zur Arbeit zu fahren, ihm alles zu zeigen und dann wieder heimzugehen. Ideal ist ein Freitagnachmittag, ein Tag

während der Urlaubszeit, ein Brückentag oder ein anderer Tag, an dem nicht so viel los ist. Letzten Endes beginnen Sie auch diesen Tag wie jeden anderen Arbeitstag.

Ihr Hund befindet sich an der Leine. Am Gebäude angekommen, lassen Sie ihn kurz „Fuß" gehen, „Sitz" machen oder Blickkontakt zu Ihnen aufnehmen. Dieses Ritual erfolgt nun immer, bevor Sie das Gebäude betreten. Ziel dieses Rituals ist es, dem Hund zu vermitteln, dass seine Freizeit nun beendet ist und er sich nun auf Sie konzentrieren soll. Erst dann betreten Sie das Bürogebäude und gehen mit dem Hund an lockerer Leine direkt in Ihr Büro. Wenn Sie ungestört sind, können Sie ihn einmal kurz herumführen, damit er sich alles anschauen und die Gerüche aufnehmen kann. Im Büro befindet sich bereits seine Liegeplatzunterlage, die er von zu Hause kennt und an die er gewöhnt ist. Zeigen Sie ihm seinen Platz und lassen Sie ihn abliegen. Er bleibt vorerst an der Leine, die aber nicht mehr festgehalten wird. Setzen Sie sich an Ihren Schreibtisch und arbeiten Sie ein wenig,

Ihre Aufmerksamkeit bleibt aber weiterhin beim Hund. Wenn der Hund nach einiger Zeit noch entspannt auf seinem Platz liegt, wird die Leine abgemacht. Bleibt er brav liegen, können Sie ihn zwischenzeitlich mit ruhiger Stimme loben und ihm evtl. einen Keks geben. Allerdings muss man abwägen, wie oft man ein Leckerchen gibt, denn verfressene Hunde hoffen dann nur auf den nächsten Keks

und können schlecht abschalten. Wenn er von seinem Platz aufstehen möchte, sagen Sie ruhig und bestimmt „Nein" und schicken ihn zurück auf seinen Platz.

### Führung durch die Räumlichkeiten

Nach einer halben bis dreiviertel Stunde fahren Sie Ihren Computer herunter, nehmen den Hund an die Leine und zeigen Sie ihm die restlichen Räumlichkeiten. Beginnen Sie mit dem Bereich, den der Hund nicht betreten darf, zum Beispiel Küche oder Kantine. Gehen Sie mit Ihrem Hund bis zur Tür. Wenn er folgen möchte, stellen Sie sich gerade vor ihn hin und sagen deutlich „Nein" oder „Tabu". Bleibt der Hund vor der Türschwelle stehen, entspannen wir unsere Körperhaltung sichtbar. Bleiben Sie konsequent, so lernt der Hund nach einigen Tagen, dass er diesen Bereich nicht betreten darf. Nun zeigen Sie ihm auch die restlichen Räume, sodass er den gesamten Bereich, indem Sie sich vorwiegend aufhalten, einmal gesehen hat. In diesem Stadium ist es sinnvoll, dass alle Kollegen den Hund ignorieren und ihrer Arbeit nachgehen, damit er sich in Ruhe alles ansehen kann und nicht abgelenkt oder aufgedreht wird. Er soll das Büro ja mit Ruhe und Entspannung verbinden.
Nach dem Rundgang ist auch der Arbeitstag beendet und zur Belohnung gibt es einen tollen Spaziergang mit viel Spiel und Spaß.

Die Kantine ist tabu.
Daher muss der Bürohund draußen warten.

**2**

**1**

## PHASE I DER EINGEWÖHNUNG

Nun geht es darum, die täglichen Abläufe zu ritualisieren: Also Morgenspaziergang, Weg zur Arbeit, kurzes Besinnen durch „Fuß", „Sitz" oder „Blickkontakt", an lockerer Leine durchs Gebäude ins Büro gehen, bis der Hund auf seinem Platz liegt und Sie am Schreibtisch sitzen. Wenn Ihr Hund entspannt auf seinem Platz liegt, haben Sie schon viel erreicht, und der nächste Schritt kann in Angriff genommen werden. Bitten Sie einen Kollegen, in Ihr Büro zu kommen. Er wurde im Vorfeld instruiert, dass er den Hund nicht anspricht, anschaut oder streichelt. Achten Sie darauf, dass der Hund liegen bleibt und belohnen Sie ihn mit einem Keks. Wenn er aufsteht, wird er wieder auf seinen Platz geschickt. Der Kollege wird von Ihnen begrüßt und Sie beginnen mit Ihrer Arbeit. Am Ende verabschieden Sie ihn und er verlässt das Büro. Nach 2,5 Stunden ist der erste Arbeitstag beendet und Sie machen mit Ihrem Hund einen tollen Spaziergang. Wiederholen Sie Phase I so lange, bis Ihr Hund gelassen ins Büro geht, ruhig liegenbleibt und sich auch nicht von hereinkommenden Kollegen stören lässt.

**1.** Hat man das Deckentraining zu Hause geübt, können viele Hunde bereits von Anfang an abschalten, ...

**2.** ... sogar wenn andere Menschen ins Büro kommen.

**TIPP**

Die Eingewöh-
nungsphase sollte
in kleinen Schrit-
ten erfolgen, damit
der Hund das
Erlebte auch
verarbeiten kann.

### Publikumsverkehr

Noch ein Wort zum Laufverkehr:
Sicher hängt es von der Größe des
Unternehmens, den Räumlichkeiten
und der Kommunikationsstruktur ab.
Bei einem Großraumbüro muss sich
Ihr Hund von vornherein daran gewöhnen, dass relativ viel Bewegung
herrscht. Bei Einzel- oder Zweierbü-
ros müssen Sie ein wenig ausprobie-
ren, was für Sie und Ihren Hund am
besten funktioniert. Wenn man die
Bürotür schließt, hält man den Trubel, die Bewegungen und Gespräche,
die auf dem Gang stattfinden, draußen und es ist etwas ruhiger. Allerdings kann es sein, dass Ihr Hund eher
hochschreckt, wenn die Tür plötzlich
aufgemacht wird, jemand unverhofft
anklopft oder hineinstürmt. Bleibt die
Tür offen, herrscht ein gleichmäßiges
Hintergrundrauschen und wenn ein
Kollege beiläufig ins Büro kommt und
wieder verschwindet, geschieht das
eher nebenbei.

### PHASE II DER EINGEWÖHNUNG

In dieser Phase werden alle Übungen
der vorherigen Phase wiederholt, sie
fließen in den Alltag ein. Nach und
nach werden Sie von weiteren Kollegen besucht. Behalten Sie währenddessen Ihren Hund im Auge: Ver-
hält er sich ruhig und ist entspannt?
Wird er unruhig? Gerät er bei bestimmten Situationen in Stress? Wie
lange hält er schon durch? Wenn
alles rund läuft, gehen Sie nach etwa
vier Stunden mit ihm in der Nähe

des Büros spazieren und lasten ihn
seinen Bedürfnissen entsprechend
aus. So lernt er gleich, wie die
künftigen Mittagspausen ablaufen
werden. Im Anschluss daran gehen
Sie noch einmal entspannt ins Büro,
der Hund legt sich auf seinen Platz,
Sie setzen sich kurz an den Schreibtisch. Ist der Hund ruhig und entspannt, endet nun der Arbeitstag.
Auch diese Phase wird so lange wiederholt, bis der Hund ruhig und
entspannt den Vormittag durchhält
und keine Probleme mit hereinkommenden Kollegen zeigt.

### PHASE III DER EINGEWÖHNUNG

Der Arbeitstag beginnt wie gewohnt,
alle Übungen der Vortage werden
wiederholt. In Phase III üben wir
das Alleinbleiben im Büro. Es ist von
Vorteil, wenn der Hund es bereits
von zu Hause gewohnt ist, zeitweise
allein zu bleiben, dies erleichtert es.
Nach Ihrer Ankunft setzen Sie sich
auf Ihren Platz und arbeiten ein wenig. Ihr Hund liegt auf seinem Platz
und döst vor sich hin. Beginnen Sie
nun, immer wieder vom Schreibtisch
zur Tür zu laufen, ohne das Büro
zu verlassen, bis der Hund sich nicht
mehr dafür interessiert. Ist das geschafft, gehen Sie aus dem Büro,
kommen aber sofort wieder zurück.
Auch diese Übung wird so lange wiederholt, bis der Hund das Interesse
an dem Vorgang verloren hat.
Die Anforderung steigt, Sie verlassen
den Raum und warten einige Minu-

ten vor der Tür. Wenn Sie das Büro wieder betreten, ist es wichtig, den Hund nicht zu begrüßen oder zu beachten. Gehen Sie zum Kopierer, auf die Toilette oder holen Sie sich einen Kaffee. Machen Sie kleine alltägliche Gänge, die nicht lange dauern. Zwischendurch setzen Sie sich wieder an Ihren Computer und arbeiten wie gewohnt. Bleibt Ihr Hund ruhig und gelassen, können Sie die Zeiten der Abwesenheit schrittweise auf bis zu 20 Minuten verlängern. Allerdings sollten Sie anfangs in Reichweite bleiben, damit Sie mitbekommen, wenn Ihr Hund unruhig wird, an der Tür kratzt oder fiept. Im Idealfall kehren Sie in Ihr Büro zurück, solange Ihr Hund ruhig auf seinem Platz liegt. Deshalb sollte man die Zeiten der Abwesenheit nur langsam steigern und zwischendurch auch mal wieder nach nur zwei Minuten zurückkehren.

Nun bleibt der Hund für kurze Sequenzen allein im Büro.

Als Nächstes werden Besprechungen geübt. Die Hunde werden auf ihren Plätzen abgelegt.

## PHASE IV DER EINGEWÖHNUNG

Unser Hund hat mittlerweile schon viel gelernt und kennt die Abläufe. Zur Festigung werden alle Übungen der letzten Tage wiederholt. Dann nehmen Sie Ihren Hund angeleint mit und führen ihn an alle Stellen im Gebäude, die Sie bei Ihrer Arbeit aufsuchen. Dort muss er warten, indem er neben Ihnen Platz macht und so lange liegenbleibt, bis Sie das Platz auflösen und weitergehen. Alles Neue wird kurz und dosiert in den bisherigen Ablauf eingefügt, damit der Hund es auch verarbeiten kann. Im Anschluss an die Trainingszeit ist eine Pause angesagt und wir nehmen uns die Zeit für die Bedürfnisse des Hundes. Danach gibt es ein paar Wiederholungen, Sie arbeiten ruhig am Schreibtisch, nach 7 Stunden endet der Arbeitstag.

## PHASE V DER EINGEWÖHNUNG

Nun gelangen wir zum letzten Teil der Gewöhnungsphase, der erste volle Arbeitstag liegt vor uns, der mit etwa 2,5 Stunden Schreibtischarbeit beginnt. Vor der Mittagspause werden noch einmal sämtliche Übungen wiederholt, sprich das Kommen und Gehen von Kollegen, Zeiten des Allein-

bleibens oder kurze Wege, bei denen Ihr Hund Sie begleitet. Die Mittagspause gehört Ihrem Hund. Danach nehmen wir die letzte Übung in Angriff: Meeting mit Hund.
Leinen Sie Ihren Hund an und nehmen Sie seine Liegeplatzunterlage mit in den Besprechungsraum. Suchen Sie sich einen ruhigen Platz im hinteren Teil des Raumes, sodass der Hund nicht direkt an der Tür oder im Durchgangsbereich liegt. Legen Sie seine Decke hinter sich, sodass er sich in Ihrem Einflussbereich befindet. Schicken Sie ihn auf seinen Platz. Ihre Kollegen betreten nun den Besprechungsraum und setzen sich an den Tisch, ohne Ihren Hund zu beachten. Ihr Hund hat mittlerweile verstanden, dass sein Platz da ist, wo seine Unterlage liegt. Da er sowohl die Kollegen kennt als auch seine Unterlage, sollte er das Liegenbleiben nun auch mit dem neuen Raum in Verbindung bringen. Wenn er aufsteht, wird er sofort wieder auf seinen Platz geschickt. Im Anschluss an die Besprechung kehren Sie in Ihr Büro zurück und arbeiten dort bis zum Feierabend. Nach 8 Stunden endet der Tag mit einem ausgiebigen Spaziergang.

## RUHIG UND GELASSEN BLEIBEN

Beim gesamten Training ist es wichtig, dass alle Situationen für den Hund zur Selbstverständlichkeit werden. Das gelingt am besten, indem man die Übungen oft und kurz wie-

derholt und dem Hund zwischendurch Pausen bietet, um das Gelernte zu verarbeiten. Dazu reicht meist schon der ruhige Büroschlaf. Loben Sie ihn, wenn er seine Sache gut macht, damit er weiß, dass er auf dem richtigen Weg ist. Bleiben Sie ruhig und gelassen, auch wenn nicht alles gleich auf Anhieb klappt. Sicher sollten Sie Ihren Hund korrigieren, wenn er beispielsweise die Decke verlässt. Hier reicht ein kurzes „Nein", er wird auf seinen Platz geschickt und Sie wenden sich Ihrer Arbeit zu. Doch permanente Korrekturen, Lautwerden und/oder Hektik sorgen für Stress und Aufregung und machen die Sache in der Regel nicht besser.

Bleiben Sie ruhig und klar, auch wenn der Vierbeiner mal etwas hibbelig wird.

Unsicheren Hunden hilft oft eine „Hundehöhle". Wände und ein Dach über dem Kopf geben ihnen Sicherheit.

### MANAGEMENTMASSNAHMEN

Manchmal kann es sinnvoll sein, sich das Leben mit einfachen Managementmaßnahmen leichter zu machen. Wenn der Hund allein im Büro ist, sollte die Tür geschlossen sein und ein Schild an der Tür hängen, damit die Kollegen nicht aus Versehen die Tür offenstehen lassen.

Wenn Sie bei offener Tür arbeiten und anfangs noch nicht ganz sicher sind, ob der Hund in jeder Situation auf seinem Platz bleibt oder doch mal schnell hinter einem Kollegen herwitschen will, hilft ein Kindergitter oder eine andere Absperrung in der Tür. Für unsichere Hunde oder Welpen bietet sich eine Hundebox an, in der sie sicher und ungestört sind. Auch in Großraumbüros mit viel Trubel kann die „Hundehöhle" Sicherheit und Ruhe bieten. Die meiste Zeit ist es gar nicht nötig, die Tür zu schließen

(und das sollte natürlich auch nicht dauerhaft passieren), aber man kann, wenn es mal erforderlich sein sollte. Wenn Ihr Hund anfangs zu aufgeregt ist und aufspringt, sobald ein Kollege das Büro betritt, hilft es, wenn die Leine am Hund bleibt. Sie können ihn zwar auf seinen Platz schicken, doch wenn er wiederholt aufspringt, ist es manchmal sinnvoll, sich einfach auf die Leine zu stellen, den Hund zu ignorieren und einfach weiter mit dem Kollegen zu sprechen, anstatt den Hund 30 Mal vergeblich zu maßregeln. Wichtig ist dabei, dass der Hund den Kollegen nicht erreichen kann und dieser den Hund nicht beachtet. Wenn er keinen Erfolg hat, legt sich der Hund in aller Regel wieder auf seinen Platz.

Jungen Hunden fällt es oft schwer, über einen längeren Zeitraum Ruhe zu geben. Sie wollen Abwechslung und Beschäftigung. Geben Sie Ihrem Vierbeiner zwischendurch einen Kauknochen oder eine Geweihstange, an der er herumnagen kann. So ist er beschäftigt, ohne zu stören. Zudem beruhigt das Kauen.

### SPEZIALFALL WELPE

Wenn Sie sich für einen Welpen entschieden haben, verläuft das Training im Prinzip ähnlich. Allerdings kommen noch ein paar Faktoren hinzu, die man bedenken sollte. Zum einen sind Hundebabys sehr süß und Welpen haben eine magische Anziehungskraft auf alle Hundefreunde. Es wird also nicht leicht sein, Ruhezeiten ein-

zuzufordern und die Kollegen zu bitten, den kleinen Hund nicht zu beachten. Zum anderen haben Welpen noch einen anderen Rhythmus. Sie schlafen viel, doch wenn sie wach sind, wollen sie beschäftigt werden und ihre Umgebung erkunden. Und sie erkunden das meiste gern mit den Zähnen ... Außerdem müssen sie noch lernen, wie die Welt funktioniert, was erlaubt und was verboten ist. Des Weiteren kommt hinzu, dass man noch an der Stubenreinheit arbeiten muss. Ein Welpe kann körperlich einfach noch nicht so lange einhalten wie ein erwachsener Hund, sprich, man muss ihm nach spätestens 2 Stunden eine Pause gönnen, damit er sein Geschäft erledigen kann.

Beim Zahnwechsel ist es sinnvoll, dem Welpen geeignetes Kaumaterial zum Nagen zur Verfügung zu stellen. Eine Unterbringung in einem Laufstall (Kennel) oder in einer Box kann dem Welpen helfen, sich zu entspannen und uns, ihn in Ruhe zu dem von uns gewünschten Verhalten zu erziehen.

Wenn der Welpe zum Junghund geworden ist und wir der Meinung sind, dass er nun begriffen hat, worum es geht, kommt die Pubertät. In dieser Zeit wird alles noch einmal infrage gestellt und getestet und der Hund zeigt Verhaltensweisen, die vorher noch nie aufgetreten sind, zum Beispiel, dass er plötzlich Ängste zeigt, Menschen anknurrt oder Ähnliches. In dieser Phase sind Ihre Unterstützung und liebevolle Konsequenz für den Hund besonders wichtig. Achten Sie deshalb auch gut auf die im übernächsten Kapitel beschriebenen Stressanzeichen Ihres Hundes, um ihn in dieser sensiblen Entwicklungsphase bestmöglich zu begleiten.

**1.** Bei Welpen ist der Wechsel zwischen Schlaf- und Wachphasen kürzer.

**2.** Ein Schnüffelteppich kann für kurze, ruhige Abwechslung sorgen.

# Alltag und Struktur

Nun haben Sie alle Schritte mit Ihrem Hund geübt und sind fit für den Alltag. Es ist sinnvoll, über einige Wochen eine Routine entstehen zu lassen, und nicht gleich in den Urlaub zu fahren.

**1**

## AUSGEWOGENES FREIZEITPROGRAMM

Wie schon erwähnt, braucht Ihr Hund auch Zeiten, in denen er Hund sein darf, sich bewegen, schnuppern und Sozialkontakte mit Hundefreunden pflegen kann. Auch Aktivitäten mit Ihnen sind wichtig, die ihn auslasten und zufrieden machen. Die Auslastung des Hundes richtet sich dabei nach seinen individuellen Bedürfnissen, die sich wiederum aus seinen rasse- und charaktertypischen Eigenheiten und seinem Alter ergeben. Ein 8 Jahre alter Mops wird mit kleineren, weniger actionreichen Gassirunden zufrieden sein, während ein zweijähriger Aussie-Mix in aller Regel ein hohes Maß an Bewegung und Beschäftigung einfordern wird. Überlegen Sie, wie Sie das Freizeitprogramm sinnvoll in Ihren Alltag integrieren. Manche gehen später zur Arbeit und nutzen den Morgenspaziergang für große Runden mit Erziehungs- bzw. Spielsequenzen, andere beginnen bereits früh mit der Arbeit, dann reicht die Morgenrunde, die in den Wintermonaten im Dunkeln stattfindet, „nur" zum Laufen, Schnuppern und Lösen. Hier nutzt man entweder die Mittagspause für etwas Spiel und Spaß oder verlegt es auf den Abend. Vielleicht gehen Sie am Wochenende in die Hundeschule, zum Trailen oder zum Dummytraining. Machen Sie es von Ihrer und seiner Tagesform abhängig, ob dies in Ihren Alltag passt.

## BESCHÄFTIGUNGSIDEEN FÜR DIE MITTAGSPAUSE

Die Möglichkeiten, den Hund in der Mittagspause zu beschäftigen, richten sich nach der zur Verfügung stehenden Zeit und der Umgebung des Büros. Idealerweise befindet sich in der Nähe ein

1. Work-Life-Balance: Gemeinsam arbeiten und zusammen Spaß haben.

2. Jippieh! Mittagspause! Durch den Park flitzen mit Kollegen.

**2**

Park oder sogar eine Freilaufwiese. Ihr Hund darf schnuppern, (mit oder ohne Leine) ein wenig laufen und seine Geschäfte verrichten. Wenn es dort andere nette Hunde gibt, kann man auch gemeinsam die Mittagspause verbringen. Vielleicht möchten Sie Ihren Vierbeiner mit mitgebrachtem Spielzeug beschäftigen, allerdings sollten Sie bedenken, dass manche Hunde sehr schnell hochfahren. Deshalb sollte man die richtige Dosis für den Hund finden. Nach dem Spiel sollte noch Zeit für einen ruhigen Spaziergang bleiben, um dem Hund die Möglichkeit zu geben, wieder runterzufahren und zu entspannen, damit er anschließend im Büro Ruhe geben kann. Es kann auch empfehlenswert sein, eher kleine Tricks oder ruhigere Schnüffelspiele einzubauen und das Actionprogramm auf den Abend zu verlegen. So wird die Mittagspause zu einer relativ kurzen, aber ausgefüllten Zeit.

## DAS START- UND RUHE-SIGNAL

Nutzen Sie die gleichen Rituale, die Sie beim Betreten und Verlassen des Büros verwenden, auch für die Mittagspause. Sie stehen also vom Schreibtisch auf, leinen Ihren Hund an und verlassen gemeinsam das Bürogebäude.
Bei Ihrer Rückkehr lassen Sie ihn kurz „Fuß" gehen, „Sitz" machen oder Blickkontakt zu Ihnen aufnehmen, bevor Sie das Gebäude betreten. Auch hier ist wieder Ziel, dass der Hund sich auf Sie konzentriert und über das Ritual auf den Wechsel von „Freizeitspaß" auf „Arbeitszeit" hingewiesen wird. Führen Sie den Hund dann angeleint ins Büro zu seinem Platz. Lösen Sie die Leine, vergewissern Sie sich, dass genügend Wasser in seinem Napf ist und nehmen Sie Ihre Arbeit wieder auf.

# Keine Regel ohne Ausnahme?

Das Training und die Eingewöhnungsphase sind erfolgreich verlaufen. Nun bemerken Sie aber, dass Ihr Hund doch einen anderen Liegeplatz bevorzugt, als den von Ihnen zugewiesenen und dass er inzwischen problemlos dazu in der Lage ist, Besucher ruhig und freundlich zu begrüßen.

## FREIE PLATZWAHL

Sofern Ihr Hund die Spielregeln grundsätzlich verstanden hat und zuverlässig umsetzt, spricht an dieser Stelle nichts dagegen, sie ein wenig zu lockern und dem Hund die Möglichkeit zur freien Platzwahl zu geben. Voraussetzung ist natürlich, dass Sie Ihren Hund auch an seinem neuen Platz im Blick haben und dass er dort auch wirklich zur Ruhe kommt. Hunde haben, wie zu Beginn dieses Buches erwähnt, ein deutlich höheres Ruhe- und Schlafbedürfnis als der Mensch. Ein Liegeplatz und damit ein Beobachtungsposten im Eingangsbereich ist für einen reizempfänglichen Hund beispielsweise eher ungeeignet und kann deshalb sehr schnell zu Übermüdung und Stress führen. Bemerken Sie, dass Ihr Hund beginnt, Aktivitäten in seinem Umfeld zu verfolgen und dass er dadurch nicht zur Ruhe kommt, sollten Sie ihn also wieder in seine Ruhezone schicken.

Um dem Hund die Gewöhnung an seinen Liegeplatz zu erleichtern, wählen wir im Training anfangs einen Ort aus, der eine unsichtbare Barriere zwischen dem Hund und den Besuchern bildet. Ziel ist es, die Entscheidung über eine Kontaktaufnahme nicht Ihrem Hund zu überlassen und so für Ruhe und Entspannung zu sorgen. Ermöglichen Sie Ihrem Hund eine freie Platzwahl in Ihrem Büro, entfällt diese unsichtbare Barriere und sollte durch klare Regeln ersetzt werden.

## BEGRÜSSUNG VON BESUCHERN

Bürohunde können im Kontakt zu Besuchern regelrechte Eisbrecher sein. Dies ist aber häufig nur dann möglich, wenn der Hund auch tatsächlich die Gelegenheit hat, direkt auf die Besucher zuzugehen. Ihr Bürohund kann Besucher ruhig und freundlich begrüßen, ohne in Aufregung zu verfallen und lässt sich aus dem Kontakt auch zuverlässig abrufen

Ist das Training erfolgreich verlaufen, kann man manche Regeln etwas lockern.

und auf seinen Platz schicken? Dann spricht auch hier nichts dagegen, die im Training aufgestellten Regeln zu lockern.

## SPIELREGELN LOCKERN

Wie funktioniert nun das Lockern der zuvor aufgestellten Regeln in der Praxis? Als Anhaltspunkt geben wir Ihnen die nachfolgenden Anregungen an die Hand:

1. Die Begrüßung von Besuchern ist grundsätzlich erlaubt, sofern der Besucher und Ihr Hund es gleichermaßen wollen, niemand gestört wird und der Kontakt ruhig und freundlich abläuft. Ein kurzes Schnuppern, ein freundliches Wedeln des Hundes, ruhige Ansprache durch den Besucher und entspanntes Streicheln sind erlaubt, wildes Anspringen, Spiel oder aufgeregte Lautäußerungen des Hundes natürlich nicht.

2. Sie entscheiden, ob, bei wem und wie oft Sie den Hund für die Begrüßung eines Besuchers freigeben. Eine Freigabe kann z. B. durch das Signal „Guck mal, wer da ist" erfolgen.

3. Ihr Hund lässt sich zuverlässig auf seinen Platz schicken, wenn Sie oder die andere Person den Kontakt beenden möchten.

4. Schläft der Hund tief und fest auf seinem Liegeplatz, wird er vom Besucher weder angesprochen, noch gestreichelt oder geweckt und angelockt.

Wenn Sie bemerken, dass der Hund durch das Lockern der Spielregeln schlechter zur Ruhe kommt oder die an ihn gestellten neuen Anforderungen doch nicht umsetzen kann, sollten Sie jeweils wieder zu den alten, funktionierenden Spielregeln zurückkehren. Dann bleibt er eben auf seinem Platz.

# Mehrere Hunde im Büro

Bei hundefreundlichen Arbeitgebern kann es schnell passieren, dass aus einem Bürohund mehrere werden. Denn auch Kollegen haben das Recht und zum Teil auch den Wunsch, einen Hund mit zur Arbeit zu bringen.

Bei mehreren Hunden ist das Liegeplatz-Management wichtig.

Sind mehrere Hunde im gleichen Büro, sollte im Vorfeld ein Liegeplatzmanagement entwickelt werden. Jeder Hund benötigt seinen eigenen Liegeplatz, der nicht direkt neben oder in unmittelbarer Nähe von anderen sein sollte. Die Liegeplätze müssen sich in ausreichendem Abstand zueinander befinden.

## VERHALTENSREGELN

Wichtig ist, dass sich die Hunde bereits kennen, bevor man sie mit zur Arbeit nimmt. Dort hat jeder Hund seinen eigenen Liegeplatz, der für ihn Rückzugs- und Ruheort zugleich ist. Das bedeutet auch, dass die Hunde nicht auf einen fremden Liegeplatz gehen dürfen, schon gar nicht, wenn der „Eigentümer" sich dort aufhält.

Während der Arbeitszeit liegt jeder Hund auf seinem Platz, sobald einer aufstehen und zu einem anderen Kontakt aufnehmen will, wird er auf seinen Platz geschickt. Um Konflikte zu vermeiden, sollten keine Ressourcen wie Futter oder Spielzeug herumliegen. Des Weiteren dürfen die Hunde nicht im Büro spielen, weder mit Spielzeug noch miteinander. Das können sie dann in der Mittagspause, wenn man gemeinsam spazieren geht.

## EINGLIEDERUNG NEUER HUNDE

Sind bereits Hunde im Büro und ein neuer tierischer Mitarbeiter soll eingearbeitet werden, sollte man sich im Vorfeld zu einem gemeinsamen Spaziergang mit allen Hunden treffen. Bei dieser Gelegenheit können sich alle Vierbeiner kennenlernen. Beobachten Sie die Hundegruppe genau, um zu sehen, ob die Chemie zwischen den Hunden stimmt oder sich Probleme abzeichnen könnten. Wenn sich alle grün sind, kann der Vierbeiner von seinem Menschen in den Büroalltag eingeführt und wie bereits beschrieben trainiert werden.

## MÖGLICHE PROBLEME

**Läufige Hündin** Während der Läufigkeit sollte die Hündin anderweitig untergebracht werden. Zum einen ist es eine Frage der Sauberkeit, zum

anderen sorgt ihr Duft dafür, dass die Rüden, selbst kastrierte, unruhig werden. Mit anderen Hündinnen kann es zu Auseinandersetzungen kommen.

**Bei intakten Rüden** besteht die Gefahr, dass sie ihr Revier markieren wollen oder es mit anderen unkastrierten Rüden zu Pöbeleien kommen kann. Das muss zwingend unterbunden werden, dabei ist anzuraten, die Hilfe eines Fachmannes zu holen. Wenn ein unverträglicher Hund ins Arbeitsleben eingeführt werden soll oder beim Training festgestellt wird, dass der neue Hund unverträglich auf andere reagiert, muss das Training sofort gestoppt und ein Fachmann hinzugezogen werden.

Auch Hunde, die sich kennen, dürfen im Büro nicht spielen.

# STRESS UND PROBLEME

## UNTERSTÜTZUNG BEI STRESS

Dieser Hund befindet sich in einer für ihn stressigen Situation
und wartet darauf, dass sein Mensch ihm hilft.

# Stress beim Hund

Es ist wichtig, dass Ihr Hund den Arbeitsplatz mit Ruhe und Entspannung verbindet. Im Idealfall wird das Büro zu seinem zweiten Zuhause und er geht gern mit zur Arbeit. Damit dieses Wohlbefinden nicht kippt, müssen wir alles tun, um Stress für ihn zu vermeiden.

S tress entsteht, wenn der Hund mit einer Situation konfrontiert wird, mit der er nicht umzugehen weiß, sich aber auch nicht entziehen kann. Dazu zählen Dinge, die ihm Angst machen oder ihn überfordern. Ebenfalls stressauslösend können auch für ihn schöne, aufregende Dinge sein, z. B. wildes Toben mit anderen Hunden oder eine Jagdsequenz, aber auch Unterforderung oder mangelnde Ruhezeiten lösen Stress aus. Bei Stress werden im Hundekörper Stresshormone wie Adrenalin, Noradrenalin oder Cortisol ausgeschüttet. Die Sinne werden geschärft, die Muskulatur in Bereitschaft versetzt, entweder um zu jagen, zu fliehen oder anzugreifen, je nachdem, was gerade gefragt ist. Dafür wird alles andere ausgeblendet. Auch im Hirn wird ein Schalter umgelegt, alles läuft auf Hochtouren, allerdings werden die Hirnareale, die für logisches Denken zuständig sind, vorübergehend blockiert. Das bedeutet auch, dass der Hund unter Stress nicht lernen kann. Stress hat aber auch positive Seiten. Wird ein Hund von klein auf milden Stresssituationen ausgesetzt, die er erfolgreich meistern kann, wird er auch zukünftige Probleme leichter lösen können. Denn Stress hat die Funktion, die Anpassungsfähigkeit an neue Gegebenheiten zu erhöhen.

## ABBAU VON STRESSHORMONEN

Stresshormone werden zwar schnell ausgeschüttet, allerdings dauert es einige Zeit, bis sie wieder vollständig abgebaut werden. Je nach Höhe des Stresslevels kann die Abbauzeit zwischen drei Stunden und sogar einigen Tagen betragen. Das gelingt am besten, wenn der Hund zur Ruhe kommt und abschalten kann. Steht der Hund dauernd unter Strom, weil er sich beispielsweise vor allem fürchtet oder keine Ruhe findet, kann Stress auf Dauer auch krank machen.

**1.** Hecheln, lang gezogene Maulwinkel, angelegte Ohren ...

**2.** ... Gähnen, Züngeln. All diese Anzeichen deuten darauf hin, dass sich der Hund nicht wohl fühlt.

### STRESSANZEICHEN

Der Hund zeigt mit deutlichen körperlichen Anzeichen, dass er sich in der aktuellen Situation unwohl fühlt. Dazu gehören u. a. starkes Hecheln, nach hinten gezogene Maulwinkel, übermäßiger Speichelfluss, Gähnen, sich Kratzen, Züngeln, Zittern, hängende, nach hinten geklappte Ohren und geduckte Körperhaltung, erhöhte Aktivität, Bellen, Fiepen, Winseln, Konzentrationsmangel und Schweißpfoten, aber auch Passivität, Zurückgezogenheit und ein überhöhtes Schlafbedürfnis. Die Reaktionen können dabei individuell unterschiedlich oder auch kombiniert sein. Man sollte sich mit dem Problem des Hundes auseinandersetzen und damit umgehen, auch dann, wenn man es selbst nicht als problematisch ansieht oder andere Hunde in gleicher Lage keine Anzeichen von Stress zeigen.

### STRESSOREN

Genau wie beim Menschen führen auch beim Hund Überforderung, Unterforderung, Reizüberflutung oder ungelöste soziale Probleme zu Stress. Ein zu frühes, zu heftiges oder mit falschen Methoden durchgeführtes Training, ein regel- und führungsloses Leben sowie unklare Beziehungen im Zusammenleben mit Menschen oder anderen Tieren führen zu Stresssymptomen, ebenso Trauer, Hunger oder Krankheiten.

### STRESSANZEICHEN IM TRAINING?

Stellt man fest, dass der Hund in irgendeiner Trainingssituation Anzeichen von Stress zeigt, muss das Training an dieser Stelle unterbrochen und den neuen Gegebenheiten angepasst werden. Grundsätzlich ist das Training stufenweise aufgebaut, wobei die Anforderungen kontinuierlich gesteigert werden. Die Steigerungen müssen den individuellen Möglichkeiten des Hundes angepasst werden. Zeigt er Anzeichen von Stress, sollte man wieder eine Stufe zurückgehen. Wenn der Hund gelassen bleibt, baut man von da an den nächsten Schritt neu und mit Bedacht auf. Hilfreich dafür ist, dem Hund durch die Einführung von Ritualen Sicherheit zu geben und selbst zu jeder Zeit ruhig und entspannt zu bleiben.

## ENTSPANNUNGS-TECHNIKEN

Es gibt verschiedene Techniken, um den Hund bei der Entspannung zu unterstützen. Voraussetzung ist jedoch, dass man bei deren Einsatz selbst entspannt ist.
Effektiv ist das Ausstreichen der Ohren, da sich dort zahlreiche Sensoren befinden, deren Stimulierung Einfluss auf den Organismus und das Wohlbefinden haben.
Unterstützen Sie den Kopf des Hundes mit einer Hand und nehmen Sie ein Ohr zwischen Daumen und Zeigefinger der anderen Hand. Der Daumen liegt dabei auf der Außenseite des Ohres. Nun streichen Sie das Ohr von der Ohrmuschel bis zur Spitze vorsichtig aus, dabei folgen Sie der Wuchsrichtung des Fells. Des Weiteren kann man beruhigend auf den Hund einwirken, wenn man mit der gewölbten Hand von der Nasenspitze über Kopf und Rücken

bis zur Rute über den Körper des Hundes gefühlvoll streicht. Eine weitere Technik besteht darin, dass man beide Hände im Abstand von etwa 5 cm nebeneinander auf den Rücken des Hundes legt, die Hände langsam und mit leichtem Druck zusammenführt, so einen Moment die Haut zusammenhält und dann die Hände wieder in die Ausgangsposition bringt. So fördert man auch die bessere Durchblutung des Gehirns.

**3.** Es gibt verschiedene Entspannungstechniken, die helfen.

**4.** Z. B. ein leichter Druck, Ohren ausstreichen oder von Kopf bis Rute streicheln.

**3**

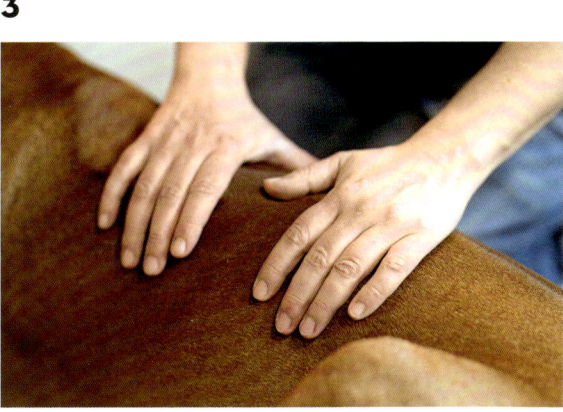

**4**

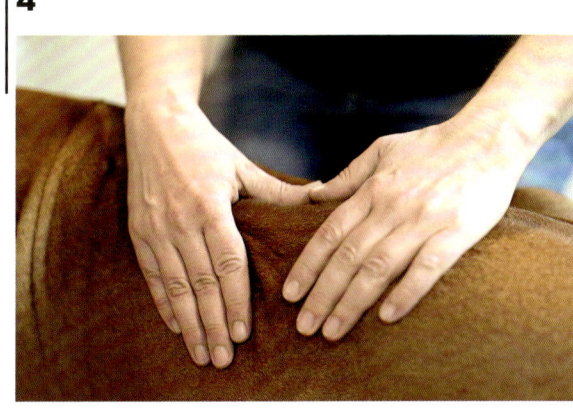

# Die Auswirkungen von Stressproblematiken

*Interview mit Diana Tiebes, Tierheilpraktikerin*

Diana Tiebes hat sich auf traditionelle chinesische Veterinärmedizin, Akupunktur, Osteopathie, gesunde Ernährung und Naturheilkunde für Hunde und Pferde spezialisiert.

**Ist es aus Ihrer Sicht überhaupt artgerecht, einen Hund mit ins Büro zu nehmen?**

Ja und Nein. Grundsätzlich ist die Idee, den Hund mit zur Arbeit zu nehmen, gut, kein Hund ist gern allein. Dennoch müssen mehrere Kriterien erfüllt werden, um die Zeit im Büro für alle Beteiligten stressfrei und angenehm zu gestalten. Dann kann der Hund im Büro ein Gewinn für beide Seiten sein.
Wert zu legen ist hierbei besonders auf die Berücksichtigung der Bedürfnisse des Hundes. Ganz freiwillig ist er ja nicht mit auf der Arbeit, er begleitet sein Frauchen oder Herrchen jedoch gern überall hin und ist sicher lieber im Büro, als viele Stunden allein daheim. Der Hund als

hochsoziales Wesen und mit seinen feinen Antennen für die Umgebung ist jedoch schnell überreizt, und wenn dann ein fehlender Rückzugsort, ein lautes Großraumbüro, keine Grünfläche in der Mittagspause oder gar hundeunfreundliche Mitarbeiter dazukommen, kann sich das Umfeld als sehr stressend und damit unpassend für den Hund herausstellen.

Aber nicht nur der Arbeitsplatz muss sich als hundefreundlich ergeben, auch der Hund muss gewisse Grundvoraussetzungen mitbringen: Nur ein gesunder Vierbeiner, der noch jung und flexibel genug ist, sich an neue Gegebenheiten und wechselnde Menschen und Situationen anzupassen, ist bürotauglich. Ist der Hund von Haus aus stressempfindlich oder ängstlich, möglicherweise sogar aggressiv oder schlecht erzogen, muss sorgsam geprüft werden, ob dieser Hund überhaupt geeignet ist. Auch Krankheiten, wie beispielsweise Inkontinenz, Sehschwäche oder Verdauungsstörungen sind meiner Auffassung nach erschwerte Bedingungen, die einen Tag im Büro beinah unmöglich machen. Ebenso Schmerzen im Bewegungsapparat, die die Hunde stark belasten und damit schon Stress an sich darstellen, sind meist Ausschlusskriterien für einen langen Büroaufenthalt. Nun wird jeder Hund mal krank,

Stress gehört zum Leben dazu, sollte aber bewältigbar sein.

wie wir Menschen auch, daher sollten auch die Vierbeiner ein Anrecht auf einen „gelben Schein" haben, also die Möglichkeit, für diese Zeit des Ausfalls zu Hause, bei der Oma oder Ähnlichem zu bleiben.

### Was bedeutet Stress für den Hund und warum ist er so schädlich?

Stress bedeutet allgemein, dass der Körper und die Psyche nicht in der Lage sind, sich ent-sprechend auf eine neue Situation, Umgebung oder Reize anzupassen und der Körper daraufhin mit einer Ausschüttung von Stresshormonen reagiert; er geht in Alarmbereitschaft. Werden diese Stoffe in der Blutbahn nicht abgebaut oder kommen ständig neue hinzu, werden Stresssymptome sichtbar. Je nach Belastbarkeit und psychischer Grundvorausset-zung reagiert jeder Hund aller-dings anders. Auf lange Sicht kommt es zu Muskelverspan-nungen, Stoffwechselstörungen besonders von Leber und Nie-ren, das Immunsystem wird ge-schwächt und die Psyche wird zunehmend belastet. Innere Unruhe, Gereiztheit, Konzen-trationsstörungen und damit mangelnde Lernbereitschaft sind Folgen von nicht verarbei-tetem Stress und einer nicht artgerechten Umgebung. Eine dauerhafte Alarmbereitschaft führt zu Schlafmangel. Wenn man bedenkt, dass ein Hund normalerweise täglich 16–18 Stunden oder länger schläft oder zumindest entspannt vor sich hindöst, erkennt man leicht, wie schnell das Gehirn und die Nerven überlastet werden. Immer wieder eingelegte Ruhepausen zwischendurch sind kein Zeichen von Faulheit, sondern gesundheitlich wichtig.

### Wie äußert sich Stress?

Stress hat wie oben beschrieben viele Gesichter. Manche Symptome sind leichter zu deuten, sofern sie richtig verstanden und einsortiert werden, wie ständiges Hecheln, Hyperaktivität, Unruhe, übertriebene Körperpflege wie dauerndes Belecken, Gähnen, Zittern oder Schweißpfoten. Viele Hunde zeigen ihre Stressbelastung aber auch durch starke Beschwichtigungssignale, die, wie auch andere Kommunikationsmöglichkeiten seitens des Hundes, häufig falsch interpretiert werden. Die Körpersprache des Hundes muss von allen, nicht nur vom Besitzer, sondern auch von sämtlichen Kollegen, die in Kontakt mit dem Hund treten, verstanden werden. Es liegt am Besitzer, dies möglich zu machen, indem er bei Missverständnissen rechtzeitig eingreift und damit seinen Hund, aber auch Kollegen vor Unfällen und traumatischen Situationen schützt. Zeigt der Hund an, dass er nicht weiß, wie er sich der Situation entziehen oder auf einen neuen, vielleicht für den Hund aufdringlich erscheinenden Kollegen reagieren soll, muss sofort gehandelt werden. Und das nicht erst, wenn der Vierbeiner knurrt! Auch ein eingezogener Schwanz oder andere Beschwichtigungssignale

Auch Streit und schlechte Stimmung übertragen sich. Dieser Hund hat sich in seine Höhle zurückgezogen.

deuten auf Stress hin und beinhalten Gefahrenpotenzial. Daher ist es so wichtig, dass der Hund verstanden wird und rechtzeitig Maßnahmen ergriffen werden. Nur dann ist ein gutes Miteinander im Büro für alle möglich.

### Und wie kann man einem Hund den Stress nehmen und für Entspannung sorgen?

Damit der Hund gern ins Büro mitkommt, müssen einige Kriterien stimmen. Einfach blauäugig den Vierbeiner mitschleppen und ihm einen Platz unter dem Schreibtisch zwischen Kabelsalat und Papierkorb zuzuteilen, ist alles andere als artgerecht. Der Hund braucht einen Rückzugsort, der auch als solcher von allen angenommen wird. Der Vierbeiner muss sich wohlfühlen können und die Mitarbeiter sollten dies respektieren; wer im Körbchen liegt, hat Pause. Wie bereits in der vorherigen Antwort beschrieben, obliegt es der Verantwortung des Besitzers, dass Regeln eingehalten und akzeptiert werden. Auch müssen seitens des Hundehalters bei Stresssymptomen oder daraus folgenden Auffälligkeiten oder Krankheiten Maßnahmen ergriffen werden. Sei es, dass man sich Hilfe vom Fachmann holt, um den entspannten Büroalltag zu trainieren, oder man das Management in der Haltung allge-

Häufiges Kratzen kann auf Stress hindeuten.

mein optimiert. Die Mittagspause sollte daher nicht in der Kantine, sondern im Grünen verbracht werden, als Ausgleich für den doch eher schnöden Bürotag. Das tut Besitzer und Hund übrigens gleichermaßen gut. Auch die Ernährung des Hundes sollte gesund sein, denn viele Inhaltsstoffe im heutigen Hundefutter sind stressfördernd. Schlecht verdauliches Eiweiß ist belastend für den Stoffwechsel und daher ein Stressor. Auch hier sollte ein Fachmann zu Rate gezogen wer-

den, da viel im Vorfeld getan werden kann, einem Hund den Tag im Büro zu erleichtern und so angenehm wie möglich zu machen. Leidet der Hund bereits unter Krankheiten, sollte es selbstverständlich sein, soweit wie möglich Entlastung und Schmerzreduktion anzustreben. Nicht zuletzt ist das Büroklima wichtig, damit ist nicht nur die Temperatur gemeint, sondern auch die Stimmung unter Kollegen und die steigende Arbeitsbelastung. Stress färbt nämlich ab!

## ES LÄUFT NICHT IMMER ALLES RUND

Im Büroalltag kann es zu Problemen kommen, wenn sich nicht alle
an die Regeln halten, z. B. wenn der Hund in der Küche auftaucht.

# Probleme,
# die auftreten können

---

Nicht immer verläuft die Einführung des Hundes optimal, oft treten durch Nervosität und Überforderung unerwünschte Verhaltensmuster wie Bellen, Anspringen oder Aufmerksamkeit heischendes Verhalten auf.

As erstes sollte die Situation analysiert werden: Wann zeigt der Hund das Verhalten? Gibt es einen Auslöser? Bei welchem Trainingsschritt wird das Verhalten hervorgerufen? Überlegen Sie, ob es Sinn macht, im Training einen Schritt zurückzugehen, um den Lernerfolg auf dieser Stufe weiter zu festigen, und dann das Training neu aufzubauen. Sollte dies nicht möglich sein oder nicht zum gewünschten Erfolg führen, empfehlen wir Ihnen, frühzeitig fachmännische Hilfe in Anspruch zu nehmen, damit sich das unerwünschte Verhalten nicht festigt oder das Projekt „Bürohund" als gescheitert beendet werden muss.

## HÄUFIGE URSACHEN

**Inkonsequenz** Auch nach der Gewöhnungsphase im weiteren Verlauf des gemeinsamen Arbeitslebens kann inkonsequentes Verhalten vom Hundehalter oder von Kollegen zu den genannten Problemen führen. Wenn die Kollegen den Hund regelmäßig füttern oder streicheln, steht er schnell im Mittelpunkt. Das kann dazu führen, dass er jede Person nach Fressbarem abscannt, hochspringt oder bellt. Zudem kommt der Hund schnell in eine Erwartungshaltung. Er lauert nur darauf, dass die nächste Person um die Ecke biegt, anstatt auf seinem Platz zu liegen.

> **TIPP**
> Sobald erste Anzeichen von problematischen Verhaltensweisen auftreten, sollten Sie gegensteuern.

Bellen deutet meist auf Unsicherheit oder Protest hin, und sorgt schnell für Ärger.

**Freie Platzwahl** Manchmal hat man Mitleid mit seinem Hund, weil er immer auf seinem Platz liegen muss. Die Regel wird gelockert und er darf seinen Platz im Büro frei wählen. Je nach Hundetyp bringen wir ihn dadurch in die Lage, zuerst beim Besucher zu sein und diesen zu begrüßen. Das kann auf Dauer dazu führen, dass er seinen Job nicht mehr darin sieht, ruhig und entspannt auf seinem Platz zu liegen, sondern beginnt, die Bewegungen der Menschen zu beobachten und zu kontrollieren oder sich nähernde Kollegen anzukündigen.

**Zu viel oder zu wenig Auslastung** Sowohl zu viel als auch zu wenig Auslastung führt dazu, dass Ruhe und Entspannung aus dem Fokus geraten und der Hund sich anderweitig abreagiert.

## PROBLEMLÖSUNGEN

Lösungswege in Eigenregie können hier nur ansatzweise geschildert werden, da das gleiche Verhalten unterschiedliche Ursachen haben kann, die so individuell sind wie der Hund selbst. Hier kann der Blick eines Profis helfen.

## Der Hund bellt

Ständiges oder häufiges Bellen kann aus Unsicherheit, Protest, rassetypischem Verhalten oder aus Angst gezeigt werden. Auch hier sollte man genau beobachten, in welcher Situation das Bellen auftritt und was der Auslöser ist. Bellt der Hund aus Angst oder Unsicherheit bei bestimmten Menschen/Situationen, macht es Sinn, den Hund in Ruhe an den Gegenstand (z. B. Kopierer) heranzuführen oder ein Treffen mit „gruseligen" Personen in der Pause und außerhalb des Gebäudes zu vereinbaren, damit der Hund sie kennenlernt und nicht mehr als bedrohlich einstuft. Bei fremden Personen übernimmt der Mensch die Initiative, geht rechtzeitig hin und begrüßt die Person, sodass sich der Hund nicht in der Verantwortung sieht. Beachten Sie bitte, dass der Hund weder in der Trainingssituation, noch im Büro bedrängt oder überfordert werden darf, wenn er ängstlich oder unsicher reagiert. Bei Protest oder rassetypischem Verhalten kann es sinnvoll sein, zu Hause ein Ruhig-Signal einzuführen. Das Wort wird leise ausgesprochen, wenn der Hund voraussichtlich gleich aufhören wird zu bellen. Ist er still, wird er gelobt und bekommt ein Leckerchen. Wie alle Signale muss man es einige Male üben, bis er verstanden hat, worum es geht. Je nach Situation kann auch mal ein deutliches „Nein" angebracht sein und bei sehr hartnäckigen Exemplaren ein Spritzer mit der Wasserflasche.

## Anspringen

Hierbei ist es wichtig, dies im Ansatz zu erkennen und zu verhindern, bevor es passiert. Wenn der Hund kurz davor ist, jemanden anzuspringen, unterbinden wir das mit einem „Nein", einem Fingerschnippen oder einer Berührung seitlich im Bereich der Schulter.

Anspringen ist unerwünscht, gerade bei Kollegen oder Kunden. Unterbinden Sie das Verhalten bereits im Ansatz.

von einem Hundetrainer umgestellt und anders aufgebaut werden. Anders wird man dem Hund nicht helfen können und das Verhalten festigt sich möglicherweise zum Negativen. Von echtem Problemverhalten sprechen wir dann, wenn die Alltagstauglichkeit des Hundes leidet oder nicht mehr gegeben ist. Je nach Hund-Mensch-Team äußert sich Problemverhalten unterschiedlich und kann hier nur beispielhaft dargestellt werden.

Fiept der Hund ohne ersichtlichen Grund, wird er ignoriert.

### Der Hund fiept

Wenn wir sicher sind, dass der Vierbeiner nicht dringend muss, ihm schlecht ist oder er Schmerzen hat, sollte man das Fiepen ignorieren, er hört nach einer gewissen Zeit, die von Hund zu Hund unterschiedlich ist, von selbst auf. Das kann allerdings zur Belastungsprobe für alle sich im Büro befindenden Kollegen werden.

Sollten diese Maßnahmen nicht zum gewünschten Erfolg führen, sollte dringend professionelle Hilfe in Anspruch genommen werden, da die Ursachen dann wahrscheinlich anderswo zu suchen sind und sich das Fehlverhalten durch falsche Maßnahmen festigt oder sogar verschlimmert.

### PROBLEMVERHALTEN

Für den Fall, dass es im Rahmen des Trainings zu echtem Problemverhalten kommt, sollte das Training

— Der Hund steht knurrend oder zähnefletschend vor Kollegen. Ursächlich hierfür kann z. B. Unsicherheit sein, unser Hund hat den Umgang mit fremden Menschen nicht gelernt.

— Der Hund klemmt die Rute unter den Bauch, er ist unsicher oder ängstlich. Er hat nicht gelernt, sich in neuen Umgebungen zu entspannen, seinem Menschen zu vertrauen und sich anzupassen.

— Der Hund bellt ununterbrochen, wenn er allein im Büro ist, weil er unter Verlustängsten leidet. Er hat nie gelernt, allein zu bleiben.

— Der Hund zerstört Gegenstände, weil er nicht ausreichend ausgelastet oder überfordert ist.

— Der Hund ist unruhig und nicht in der Lage abzuschalten und zu entspannen. In diesem Fall ist davon auszugehen, dass er durch die Situation oder das Training überfordert ist. Ein paar Schritte zurück und neu starten hilft meist.

**ENTSPANNUNG IN ALLEN LAGEN**

Wenn man alle Regeln beachtet hat und der Büroalltag zur Routine geworden ist,
fühlen sich die Hunde im Büro meist genauso wohl wie zu Hause.

# SERVICE

Zertifizierter
**Bürohund**
Richter
& Engel  HARDIT@ATWORK

# Zum Weiterlesen

## ERZIEHUNG

Blümel, Mariella: **Beste Freunde.**
Beziehungsbuch für Mensch und Hund. 2017

Bruns, Sandra und Lara Steinhoff: **Vorsicht, giftig!**
Anti-Giftköder-Training für Hunde. 2018

Führmann, Petra, Nicole Hoefs und Iris Franzke.
**Das Erziehungsprogramm für Hunde.**
Mit Trainingsplan für jede Übung. 2016

Koring, Mel: **Welpenerziehung.**
Das 8-Wochen-Welpentraining. 2018

Löckenhoff, Ursula: **Dogwalk.**
Gemeinsam unterwegs – Ideen für eine glückliche
Mensch-Hund-Beziehung. 2017

Przygoda, Jeanette: **An lockerer Leine.**
Der leichte Weg zum leinenführigen Hund. 2017

Theby, Viviane: **Das Kosmos Welpenbuch.**
Entwicklung und Auswahl; Eingewöhnung,
Sozialisierung und Erziehung. Für einen guten
Start ins Hundeleben. 2016

Toll, Claudia: **Kommt nicht, gibts nicht.**
So klappt der Rückruf bei jedem Hund. 2016

Von der Leyen, Katharina und
Inga Böhm-Reitmeier: **Die zweite Chance.**
**Hunde mit Vergangenheit.** 2017

## VERHALTEN

Esser, Johanna: **Körpersprache von Hund und
Mensch.** Mimik, Körperhaltung, Bewegung. 2016

Handelman, Barbara: **Hundeverhalten.**
Mimik, Körpersprache und Verständigung,
mit über 800 ausdrucksstarken Fotos. 2010

Rütter, Martin und Andrea Buisman:
**Problem gelöst! – mit Martin Rütter.**
Unerwünschtes Verhalten beim Hund. 2017

Rütter, Martin und Andrea Buisman:
**Angst bei Hunden – mit Martin Rütter.**
Umgang mit ängstlichen und traumatisierten
Hunden. 2018

Schmidt-Röger, Heike und Susanne Blank:
**Hundeverhalten.** Körpersprache und Ausdrucks-
weise erkennen und verstehen. 2018

Schmidt-Röger, Heike: **Was denkt mein Hund?**
Hundeverhalten auf einen Blick. 2016

## BESCHÄFTIGUNG

Bruns, Sandra, Anett Seidensticker: **Gassi-Training.**
Erziehung und Spiele für unterwegs. 2015

Kitchenham, Kate: **Spielekiste für Hunde.**
5 Spielzeuge – 50 Spielideen. 2015

# Nützliche Adressen

**Verband für das Deutsche Hundewesen
(VDH) e.V.**
Westfalendamm 17
44141 Dortmund
Telefon: 0231– 56 50 00
E-Mail: info@vdh.de
Internet: www.vdh.de

**Österreichischer Kynologenverband
(ÖKV)**
Siegfried Marcus-Str. 7
A–2362 Biedermannsdorf
Telefon: +43 (0) 22 36 710 667
E-Mail: office@oekv.at
Internet: www.oekv.at

**Schweizerische Kynologische Gesellschaft
(SKG)**
Brunnmattstraße 24
CH–3007 Bern
Telefon: + 41 (0) 31 306 62 62
Internet: www.skg.ch

**Berufsverband der Hundeerzieher/innen
und Verhaltensberater/innen e. V. (BHV)**
Auf der Lind 3
65529 Waldems-Esch
Telefon: +49 (0) 61 92 958 11 36
E-Mail: info@hundeschulen.de
Internet: www.hundeschulen.de

**RICHTER & ENGELHARDT AT WORK**
**Ausbildungszentrum für Berufsbegleithunde**
Stefanie Richter
Marc Engelhardt
Ulmenallee 42
45478 Mülheim an der Ruhr
Telefon: + 49 (0) 201 – 46 93 86 49
E-Mail: info@hund-beruf.de
Internet: www.hund-beruf.de

# Danke

An dieser Stelle möchten wir uns ganz herzlich bei allen bedanken, die uns bei der Entstehung dieses Buches unterstützt und es teilweise überhaupt erst möglich gemacht haben:

Ein besonderes Dankeschön geht an Alice Rieger vom Kosmos Verlag, die immer ein offenes Ohr für uns hatte, uns motiviert und unterstützt hat und uns mit viel Humor und Gelassenheit durch die vielen Herausforderungen gelotst hat, die dieses Buch für uns mit sich gebracht hat. Dank ihres Büro-Beagles lieferte sie uns nicht nur wertvolle fachliche Impulse, sondern auch das lebendige Beispiel dafür, dass Bürohunde eine stressreduzierende Wirkung in der Zusammenarbeit mit streckenweise sturen Autoren haben.
Nicole Schick, die als Fotografin all unsere Ideen eingefangen und sie mit ihrem kreativen und professionellen Blick sehr engagiert ins rechte Licht gesetzt hat.
Dem Malteserstift St. Bonifatius und Muris und FarmEins, die uns nicht nur die Aufnahmen in ihren Räumlichkeiten ermöglicht haben, sondern uns auch gemeinsam vor der Kamera zur Verfügung standen und uns auf unserem Weg unterstützt und begleitet haben.
Dem Team der Kulturinsel Stuttgart und Diana Thiebes, die unser Buch mit ihren Interviews bereichert haben.
Patricia und Bowie sowie unseren Eltern, besonders Hildegard und Reinhold, die maßgeblich an den Aufnahmen für dieses Buch mitgewirkt haben.
Allen anderen, die wir nicht genannt, aber ganz sicher nicht vergessen haben und die uns ermuntert und tatkräftig dabei unterstützt haben, dieses Buch zu verwirklichen.

# Register

## BILDNACHWEIS

84 Farbfotos wurden von Nicole Schick/Kosmos für dieses Buch aufgenommen.
Weitere Farbfotos von Anna Auerbach/Kosmos (2: S. 30, 31), Laura Herale/Kosmos (2: S. 20, 83 l.),
Joachim Petzold/privat (2: S. 14, 15), Shutterstock (Aila Images/2: S. 24 beide; Kaia92/1: S. 107;
Peter Kirillov/1: S. 2 – 3; Patryk Kosmider/1: S. 44 – 45; Polina Shestakova/1: S. 13; SG SHOT/
1: S. 42 – 43), Diana Tiebes/privat (1: S. 94), Trio Bildarchiv (Christine Hemlep/2: S. 53 l, 54 M.;
Aleksandra Kielreuter/4: S.52 r., 53 r., 54 r., 55 u.r.; Tina Schäfer/1: S. 54 l.; Nicole Schick/9: S. 5
alle drei, 26, 27, 46 o., 60 beide, 83 r.), Olga Zeeb/Kosmos (1: S. 64 u. r.).

## IMPRESSUM

Umschlaggestaltung von GRAMISCI Editorialdesign, München unter Verwendung von zwei Fotos
von Nicole Schick/Kosmos (U1 und Klappe hinten außen), zwei Farbfotos von Tina Schäfer (U4 und
klappe vorne außen), ein Farbfoto von Shutterstock/dezy (Klappe hinten innen) und einer
SW-Zeichnung von Karin Helmreich/Kosmos (Klappe vorne innen).

Mit 115 Farbfotos.

Alle Angaben in diesem Buch erfolgen nach bestem Wissen und Gewissen. Sorg-
falt bei der Umsetzung ist indes dennoch geboten. Der Verlag und die Autoren
übernehmen keinerlei Haftung für Personen-, Sach- oder Vermögensschäden, die
aus der Anwendung der vorgestellten Materialien, Methoden oder Informationen
entstehen könnten.

Unser gesamtes Programm finden Sie unter **kosmos.de.**
Über Neuigkeiten informieren Sie regelmäßig unsere
Newsletter, einfach anmelden unter **kosmos.de/newsletter**

Gedruckt auf chlorfrei gebleichtem Papier

© 2018, Franckh-Kosmos Verlags-GmbH & Co. KG, Stuttgart
Alle Rechte vorbehalten
ISBN 978-3-440-15994-1
Redaktion: Alice Rieger
Gestaltungskonzept: GRAMISCI Editorialdesign, Cornelia Sekulin, München
Gestaltung und Satz: Claudia Adam Graphic Design, Darmstadt
Produktion: Andrea Hehn
Druck und Bindung: Westermann Druck Zwickau GmbH, Zwickau

FSC
www.fsc.org
MIX
Papier aus ver-
antwortungsvollen
Quellen
FSC® C110508

# LEITLINIE FÜR DIE ERARBEITUNG EINES RAHMENVERTRAGES MIT EINEM RECHTSBEISTAND

☐ Erteilen der Erlaubnis für die Mitnahme des Hundes (Name, Rasse, Chip Nr.)

☐ Ggf. zeitliche Beschränkung auf bestimmte Zeiten/bestimmte Arbeitstage

☐ Verweis auf das ggf. vorhandene Mitbestimmungsrecht des Betriebsrates und notwendige Erteilung einer Erlaubnis durch einen Betriebsarzt (sofern vorhanden: Schriftlich einholen und beifügen)

☐ Regelung der Rahmenbedingungen für den Aufenthalt des Hundes im Büro

☐ Turnusmäßige Vorlage eines tierärztlichen Gesundheitszeugnisses, Intervalle und ggf. Umfang von Impf- und Endo-/Ektoparasiten-Prophylaxe festlegen (mögliche Leitlinie der ständigen Impfkommission Veterinär des Tierärzteverbandes)

☐ Ggf. Vorlage von Sachkundenachweis und/oder behördlicher Genehmigungen (je nach Bundesland bei sog. „Listenhunden"), Bürohunde-Zertifikat, Trainerbescheinigung, Bescheinigung über das Ablegen einer Begleithundeprüfung, alternativ Versicherung des Arbeitnehmers, dass keine Beißvorfälle oder aggressiven Tendenzen des Hundes bekannt sind und er gut erzogen und sozialisiert ist

☐ Verpflichtung des Mitarbeiters, Beißvorfälle (ggf. mit Personenschaden) außerhalb der Arbeitszeit unverzüglich zu melden

☐ Vorlage einer aktuellen Versicherungsbescheinigung für die Hundehaftpflicht mit im Vorfeld festgelegter Deckungssumme, Verpflichtung des Mitarbeiters, seiner Versicherung durch den Hund entstandene Schäden unverzüglich zu melden. Ebenso Verpflichtung des Mitarbeiters, Änderungen im Versicherungsvertrag oder eine Kündigung der bestehenden Versicherung unverzüglich zu melden

☐ ggf. Haftungsausschluss für den Arbeitgeber, durch die er im Außenverhältnis für die Inanspruchnahme seitens Dritter freigestellt wird, sofern der Hund einen Schaden verursacht hat

☐ Festlegung von Tabuzonen innerhalb des Unternehmens wie Kantine, Küche, Besprechungsräume

☐ Festlegung des Raums, in dem sich der Hund während der Arbeitszeit aufhalten darf (Büro des Mitarbeiters)

☐ Leinenpflicht in öffentlichen Zonen

☐ Anerkennung des (ggf. individuell angepassten) Hundehalterknigge durch den Mitarbeiter, Ausfertigung beifügen

☐ Verpflichtung des Hundehalters, für die Beaufsichtigung seines Hundes zu sorgen und dafür, dass die Arbeitsabläufe nicht durch den Hund beeinträchtigt werden

☐ ggf. Festlegen eines separaten Eingangsbereichs/Nebeneingangs, durch den der Hund in das Gebäude verbracht wird

☐ Erlaubnis für den Mitarbeiter, an seinem Arbeitsplatz einen Liegeplatz für den Hund einzurichten

☐ Ggf. Verpflichtung des Mitarbeiters, den Liegeplatz in Eigenregie sauber zu halten/zu reinigen

☐ Klausel zum Widerruf der Erlaubnis

☐ Widerruf, sofern der Hund einen Personen- oder Sachschaden verursacht hat

☐ Widerruf, sobald der Mitarbeiter seine vereinbarten Pflichten verletzt (ggf.: und es innerhalb einer Frist von... zu erneuten Pflichtverletzungen kommt)

☐ Widerruf, sofern ein unternehmensinterner Wechsel des Mitarbeiters die Mitnahme des Hundes nicht länger erlaubt

☐ Widerruf, sofern Mitarbeiter eine allergische Reaktion auf den Bürohund oder Ängste entwickeln und dadurch eine nicht zumutbare Beeinträchtigung entsteht

☐ Widerruf, sofern Erkrankungen des Hundes der Mitnahme zukünftig im Weg stehen

☐ Widerruf, sofern vertragliche (z.B. mietvertragliche) oder gesetzliche Änderungen der weiteren Mitnahme des Hundes im Weg stehen

☐ Widerruf ohne weitere Begründung

☐ Bestimmung von Form (Schriftform) und Frist (Gültigkeit ab Zugang/xy Tage/Wochen) nach Zugang des Widerrufs

☐ Bestimmung eines Hundebeauftragten

☐ Zur Schlichtung im Streitfall

☐ Beschreibung des Aufgabengebietes des Hundebeauftragten

☐ Konsequenzen bei ungelösten Konflikten (Wiederruf, siehe vorherige Klausel, z.B. für den letzten, ins Unternehmen verbrachten Bürohund oder für den jeweiligen Auslöser des Konfliktes)

# FRAGEBOGEN ZUM THEMA BÜROHUND

**Liebe Kolleginnen und Kollegen,**

mit diesem Fragebogen möchte ich/möchten wir Ihre Einstellung zum Thema „Bürohunde" erfragen. Um sowohl positive Stimmen, als auch bestehende Sorgen oder Bedenken erkennen zu können, ist Ihre Meinung wichtig. Ich/wir möchten Sie bitten, den ausgefüllten Fragebogen

bis zum ..................... bei ....................................................... zurückzugeben.

Vielen Dank für Ihre Unterstützung,

.................................................................................

Name ..................................... Datum .....................................

Abteilung .....................................

**Ich bin selbst Hundehalter**

☐ Ja    ☐ Nein

**Ich kann mir vorstellen, meinen Hund mit ins Büro zu bringen**

☐ Ja    ☐ Gelegentlich    ☐ Nein

**Der Zulassung von Bürohunden im Unternehmen**

☐ stehe ich positiv gegenüber

☐ wäre für mich o.k., wenn niemand gestört oder belästigt wird und bestimmte Regeln eingehalten werden

☐ stehe ich ablehnend gegenüber

**Möchten Sie Ihre Antworten begründen?**

..................................................................................................................
..................................................................................................................

**Haben Sie weitere Hinweise oder Lösungsvorschläge für etwaige Bedenken?**

..................................................................................................................
..................................................................................................................